高等职业院校林业类专业系列教材
职业本科系列教材

植物组织培养

汤春梅　主编

中国林业出版社
China Forestry Publishing House

内容简介

本教材以培养高素质技能型人才为目标，以强化组培快繁技术应用能力为主线，本着理论与实践相结合、科学性与实用性相结合的原则，阐明植物组织培养的基本理论和技能。教材共分为 10 个项目，主要内容包括植物组织培养技术和岗位认知、植物组织培养工作环境、培养基配制、无菌操作、植物组培快繁、植物脱毒、花卉组培快繁、果树组培快繁、林木组培快繁和药用植物组培快繁等，具有较强的实用性和适用性。

本教材可供职业院校园艺技术、园林技术、林业技术、生物技术、作物生产技术等专业使用，同时也适合职业培训及相关技术人员参考使用。

图书在版编目（CIP）数据

植物组织培养 / 汤春梅主编. — 北京：中国林业
出版社，2025. 6. —（高等职业院校林业类专业系列教材）（职业本科系列教材）. — ISBN 978-7-5219-3251
-5

Ⅰ. Q943. 1

中国国家版本馆 CIP 数据核字第 2025CC5454 号

策划编辑：田　苗　曾琬淋
责任编辑：曾琬淋
责任校对：苏　梅
封面设计：北京钧鼎文化传媒有限公司

出版发行：中国林业出版社
　　　　　（100009，北京市西城区刘海胡同 7 号，电话 010-83143630）
电子邮箱：jiaocaipublic@163.com
网址：www.cfph.net
印刷：北京中科印刷有限公司
版次：2025 年 6 月第 1 版
印次：2025 年 6 月第 1 次印刷
开本：787mm×1092mm　1/16
印张：10.25
字数：245 千字
定价：45.00 元

数字资源

《植物组织培养》
编写人员

主　编　汤春梅

副主编　张彩霞

编　者　（按姓名拼音排序）

　　　　郭继荣（甘肃林业职业技术大学）

　　　　李冠男（甘肃农业职业技术学院）

　　　　秦新惠（酒泉职业技术大学）

　　　　任文娟（南京鑫宇农业有限公司）

　　　　汤春梅（甘肃林业职业技术大学）

　　　　张彩霞（甘肃林业职业技术大学）

　　　　张　强（佛山市高明旺林园艺有限公司）

前　言

　　植物组织培养是现代生物技术的基础和重要组成部分，已逐渐成为生物学科各个领域许多基础理论研究的必要手段，并广泛应用于农业、林业、工业、医药等行业，尤其在植物优良品种快速繁殖、脱毒苗生产、新品种培育、种质资源保存、种苗工厂化生产等方面发挥着巨大的作用。

　　本教材以培养高素质技能型人才为目标，以强化组培快繁技术应用能力为主线，本着理论与实践相结合、科学性与实用性相结合的原则，阐明植物组织培养的基本理论和技能。在教材体系构建上，根据植物组织培养的完整工作流程，以项目及典型工作任务为导向组织教学内容，突出能力培养，强化实验与技能考核。在教学内容选取上，围绕职业院校毕业生就业岗位对知识、能力的要求，以植物优良品种组培快繁、脱毒苗生产为主线，突出植物组织培养技术应用，素材选择贴近生产实际，并反映植物组织培养技术的发展方向和生产实践中正在应用的新技术、新方法、新材料。本教材可供职业院校园艺技术、园林技术、林业技术、生物技术、作物生产技术等专业使用，同时也适合职业培训及相关技术人员参考使用。

　　本教材由汤春梅担任主编，起草编写大纲，设计内容体系和知识点、技能点，并进行全书统稿；张彩霞担任副主编。各章节具体编写分工如下：汤春梅编写前言、项目1至项目4；张彩霞编写项目5、项目6；任文娟编写项目7中的任务7-1至任务7-4；张强编写项目7中的任务7-5至任务7-7；秦新惠编写项目8；李冠男编写项目9；郭继荣编写项目10。

　　由于编者水平有限，书中难免有疏漏与不当之处，恳请读者、专家和同行提出宝贵意见。

编　者

2025 年 3 月

目 录

植物组织培养技术和岗位认知

植物组织培养已渗透到生命科学的各个领域,成为许多基础理论深入研究的必要手段和方法,并广泛应用于农业、林业、工业、医药等多个行业。其自身也逐步走向产业化发展的道路,特别是在农业工厂化高效生产领域显现出强大的技术优势,其研究和应用有力地推动了农业现代化进程,具有广阔的应用前景。本项目主要学习植物组织培养技术的概念、类型、特点、理论基础、应用前景等,为后续内容的学习打下基础。

≫ 知识目标

1. 掌握植物组织培养的概念、类型及特点。
2. 了解植物组织培养的理论依据。
3. 熟悉植物组织培养在生产中的应用。
4. 清楚植物组织培养工作岗位的工作目标、工作职责和任职要求。

≫ 技能目标

1. 能通过小组合作进行植物组织培养企业调查,了解岗位设置情况。
2. 能利用网络查询植物组织培养技术的发展现状与应用前景。

任务 1-1 植物组织培养技术认知

📖 任务目标

1. 掌握植物组织培养的概念、类型及特点。
2. 了解植物组织培养技术的理论依据。
3. 熟悉植物组织培养在生产中的应用。

📋 任务描述

植物组织培养技术是在植物生理学基础上发展起来的一项生物技术，是利用人工培养基对植物的器官、组织、细胞或原生质体进行培养，使之形成完整植株的过程。本任务主要学习植物组织培养相关理论知识，为后续植物组织培养操作打下坚实的理论基础。

🔍 材料与用具

组培瓶苗、笔记本等。

📝 任务实施

1. 学习相关知识

通过教材、视频、教师讲解等方式学习植物组织培养的概念、类型、特点、理论基础、应用前景等相关知识，提出相关疑问。

2. 组内讨论

分组针对提出的问题展开讨论，教师巡回答疑。

3. 组间交流

组间交流植物组织培养的特点及应用前景。

📊 考核评价

参照表 1-1-1 进行考核评价。

表 1-1-1　评价表

评价项目	评价标准	分值
学习态度	积极主动，认真听讲，具有团队精神	20
掌握信息的能力	能够利用网络资源，查询植物组织培养相关知识	20
组培概念及类型认知	准确说出植物组织培养的概念及类型	20
组培特点及应用前景认知	比较全面地说出植物组织培养的特点及应用前景	20
思考、答辩能力	针对学习中出现的问题独立思考，并积极答辩主要知识点	20
合　计		100

🚩 **知识链接** ···

1. 植物组织培养相关概念

植物组织培养(简称组培)是指在无菌条件下，将离体的植物器官、组织、细胞或原生质体接种于人工配制的培养基上，并给予适宜的培养条件，使其生长发育成完整植株的过程。由于培养材料脱离了母体而培养在试管或其他容器中，因此又称为离体培养或试管培养。

在植物组织培养过程中，从植物体上切取的根、茎、叶、花、果实、种子等器官以及各种组织和细胞统称为外植体。

愈伤组织是指形态上没有分化、能进行活跃分裂而无特定功能的一团组织，其细胞排列疏松、无序或较为紧密，高度液泡化，多为薄壁细胞。在自然状态下，当植物体的一部分受到机械损伤、昆虫咬伤或由于风、雪等自然灾害的袭击而局部受伤时，经过一段时间的修复，便会在伤口处形成一团细胞(即愈伤组织)，对植物体起到保护作用。愈伤组织的产生是植物受伤部位诱导为源激素(生长素和细胞分裂素)加速合成的结果。在离体培养条件下，许多植物的外植体伤口处及其附近也会形成愈伤组织，这主要与培养基中含有外源生长素和细胞分裂素有关。与自然条件下产生的愈伤组织不同，离体培养条件下产生的愈伤细胞具有再分化的潜力，在适宜的培养条件下可再分化成一个完整植株。因此，诱导外植体产生愈伤组织，使愈伤组织再分化产生幼小植株，是植物组织培养中一项很重要的技术。

2. 植物组织培养的类型

根据不同的分类依据，植物组织培养可分为不同的类型。

(1)根据培养材料分类

根据培养材料，可将植物组织培养分为 6 种类型：植株培养、胚胎培养、器官培养、组织培养、细胞培养和原生质体培养。

①植株培养　是指对具有完整植株形态的幼苗进行的无菌培养。一般以种子为材料，通过无菌播种诱导种子萌发成苗。如诱导春兰种子萌发成苗。

②胚胎培养　是指对植物成熟胚或未成熟胚进行的离体培养。常用的培养材料有幼胚、胚乳、胚珠或子房等。

③器官培养　是指对植物体各种器官及器官原基进行的离体培养。常用的培养材料包括根(根尖、根段)、茎(茎尖、茎段)、叶(叶原基、叶片、叶柄、子叶)、花(花瓣、雄蕊)、果实等。一般采用什么培养材料，就称为什么培养。如培养材料是茎段，就称为茎段培养。

④组织培养　是指对植物体各部位组织或已诱导的愈伤组织进行的离体培养。常用的培养材料有形成层、表皮、皮层、木质部、韧皮部、胚乳等。这是狭义的组织培养。

⑤细胞培养　是指对植物体的单个细胞或较小细胞团进行的离体培养。常用的培养材料有花粉母细胞、叶肉细胞、根尖细胞和韧皮部细胞等。

⑥原生质体培养　是指对除去细胞壁的原生质体进行的离体培养。原生质体是细胞的主要组成部分，为细胞壁以内各种结构的总称，包括细胞膜、细胞质与细胞核。通过

原生质体融合即体细胞杂交，能够获得种间杂种或新品种。

（2）根据培养过程分类

根据培养过程，可将植物组织培养分为3种类型：初代培养、继代培养和生根培养。

①初代培养　是将植物体上分离下来的外植体进行第一次培养的过程，也称为启动培养或诱导培养。其目的是获得无菌材料和建立无性繁殖系。初代培养通常是诱导腋芽或顶芽萌发，或产生不定芽（凡是在茎尖或叶腋以外其他部位所形成的芽，统称为不定芽）、愈伤组织、原球茎等，这是植物组织培养中比较困难的阶段。

②继代培养　是将培养一段时间后的外植体或诱导产生的培养物重新分割，转移到新鲜培养基上继续培养的过程，也称增殖培养。其目的是使培养物得到大量繁殖。

③生根培养　是诱导无根组培苗产生根，形成完整植株的过程。其目的是提高组培苗移栽后的成活率。

此外，根据培养基状态，可将植物组织培养分为固体培养和液体培养；根据培养目的，可将植物组织培养分为脱毒培养、微体快繁、试管嫁接等；根据培养过程是否需要光照，可将植物组织培养分为光培养和暗培养。

3. 植物组织培养的特点

植物组织培养是在人工控制的环境条件下，采用纯培养的方法离体培养植物的器官、组织、细胞或原生质体，其既不受外界环境条件和其他生物的影响，也不受植物体其他部分的干扰，在生产中得到越来越广泛的应用。植物组织培养具备以下几个特点。

（1）培养材料经济、来源广泛

在植物组织培养中，植物的单个细胞、小块组织、茎尖或茎段等经过离体培养均可再生形成完整植株，所需材料只有几毫米，甚至不到1mm，取材较少，来源广泛，且培养效果较好。

（2）培养条件可以人为控制

在植物组织培养中，植物材料完全是在人为提供的培养基和小气候环境条件下进行生长，温度、湿度、光照等完全不受季节限制，摆脱了大自然中四季、昼夜的变化以及灾害性气候的不利影响，且培养条件均一，对植物生长极为有利，便于连续、稳定地进行全年生产。

（3）生长周期短，繁殖率高

在植物组织培养中，由于人为控制培养条件，而且根据不同植物、不同器官、不同组织的不同要求而提供不同的培养条件，因此植物材料生长较快，往往1~2个月就能完成一个培养周期，大大缩短了生产时间。这对于新品种的推广和良种复壮更新，尤其是名、优、特、新、奇品种的保存、利用与开发，都有很高的应用价值和重要的实践意义。例如，一些珍稀植物材料，依靠常规的无性繁殖方法需要几年甚至几十年才能繁殖出为数不多的苗木，而通过植物组织培养可在1~2年生产上百万株整齐一致的优质种苗。

（4）管理方便，利于工厂化生产和自动化控制

植物组织培养是在一定的场所和环境下进行，人为提供一定的温度、光照、湿度、营养、激素等培养条件，并且培养空间可以集中、立体使用，它与常规繁殖方法相比，

省去了中耕除草、浇水施肥、病虫害防治等一系列繁杂的劳动，大大节省了人力、物力及田间种植所需的土地，有效提高了劳动生产率，有利于进行高度集约化的工厂化生产及自动化控制，是未来工厂化育苗的发展方向。

4. 植物组织培养的理论依据

植物组织培养以植物细胞全能性作为理论依据。植物细胞全能性是指植物体的任何一个细胞都具有该植物体的全部遗传信息，离体细胞在一定的条件下具有发育成完整植株的潜在能力。

植物体的每个活细胞虽然都保持着全能性，但由于受到所在环境的影响，只表现出一定的形态及生理功能。一旦它们脱离原来所在的器官或组织，在一定的营养、生长调节物质等外界条件的作用下，就可能恢复其分化能力，开始分裂增殖、产生愈伤组织，继而分化出器官并形成完整植株。

植物细胞全能性只是植物细胞的一种潜在能力，只有在一定条件下才能表达出来。在多数情况下，一个成熟细胞要表达其全能性，需要经历脱分化和再分化两个阶段。即成熟细胞首先脱分化恢复到分生状态，形成愈伤组织，然后进入再分化阶段，由愈伤组织分化形成完整植株。有的植物则在培养过程中由分生组织直接分化出芽或根，形成完整植株，而不需要经历形成愈伤组织的中间阶段。

（1）脱分化

脱分化又称为去分化，是指在一定条件下，已分化成熟的细胞或静止的细胞脱离原来状态而恢复到分生状态的过程。细胞脱分化，往往经细胞分裂产生无分化的细胞团或愈伤组织，也有的细胞不经过细胞分裂而只是本身恢复分生状态。在脱分化的过程中，植物细胞内的溶酶体将失去功能的细胞组分降解，并合成新的细胞组分，同时细胞内酶的种类与活性发生改变，细胞的性质和状态发生了扭转，转入分生状态恢复原有分裂能力。

植物细胞脱分化的难易程度与植物种类、器官及组织的生理状况有直接关系。一般单子叶植物、裸子植物比双子叶植物难，成年细胞和组织比幼年细胞和组织难，单倍体细胞比二倍体细胞难，茎、叶比花难。

（2）再分化

愈伤组织中的细胞常以无规则的方式发生分裂，此时虽然也发生了细胞分化，形成了薄壁细胞、分生组织细胞、导管和管胞等不同类型的细胞，但并无器官发生。只有在适宜的培养条件下，愈伤组织才可能发生再分化形成完整植株。再分化是指在一定条件下，经脱分化的细胞分裂产生的细胞团、愈伤组织或该细胞本身再次开始新的分化进程，形成具有一定结构、执行一定生理功能的器官、组织或胚状体等，并进一步形成完整植株的过程。培养物形态发生或植株再生途径有器官发生途径和体细胞胚胎发生途径两种。

①器官发生途径　是指在自然生长或离体培养条件下形成芽、根、茎、枝条等器官的过程，可分为直接器官发生和间接器官发生两种方式。

直接器官发生是指直接由腋芽、茎尖、茎段、叶片等外植体不经过愈伤组织而直接形成器官原基（一般起始于一个细胞或一小团分化的细胞，经分裂后形成拟分生组织，然后进一步分化形成芽和根等器官原基）。

间接器官发生则先经历脱分化形成愈伤组织，然后诱导再分化形成器官。通过愈伤组织形成再生植株的方式有 3 种：一是先芽后根，即先分化形成芽，芽伸长后在其基部长出根，这是最常见的一种方式；二是先根后芽，即先形成根，再从根的基部分化出芽，但芽的分化难度较大；三是先在愈伤组织的不同部位分别形成芽和根，然后形成维管组织把芽和根连接起来形成一个完整植株。一般而言，离体培养中若先形成芽，其基部很容易形成根，而若先形成根，则往往抑制芽的形成，所形成的芽、根一般分别称为不定芽、不定根。

②体细胞胚胎发生途径　是指在离体培养条件下，由一个非合子细胞(性细胞或体细胞)经过胚胎发生和胚胎发育过程形成具有双极性的类似胚的结构(即体细胞胚或胚状体)，并进一步发育成完整植株的过程，可分为直接体细胞胚胎发生和间接体细胞胚胎发生两种方式。

直接体细胞胚胎发生是指由外植体直接诱导分化出体细胞胚。间接体细胞胚胎发生是指外植体先脱分化形成愈伤组织或在细胞悬浮培养中先产生胚性细胞团等，再由其中的某些细胞分化出体细胞胚。体细胞胚具有双极性，即茎端和根端，其发育过程与受精卵发育成合子胚的过程极其相似，在适宜的条件下可先后经过原胚、球形胚、心形胚、鱼雷形胚和子叶胚 5 个时期发育成再生植株。

在脱分化和再分化过程中，植物细胞的全能性得以表达。当然，不同植物的不同器官、不同组织、不同细胞间全能性的表达难易程度有所不同，这主要取决于细胞所处的发育状态和生理状态。植物组织培养的主要工作就是设计和筛选适当的培养基，提供适宜的培养条件，促使植物细胞、组织或器官完成脱分化和再分化，从而形成完整植株。

5. 植物组织培养的应用

(1)植物离体快速繁殖

植物离体快速繁殖是植物组织培养在生产上应用最广泛、产生较大经济效益的一个方面。应用植物组织培养离体快速繁殖种苗，具有繁殖速度快、繁殖系数高、繁殖周期短、能周年生产、苗木整齐一致等优点，在合适的条件下每年可繁殖出几万倍乃至上百万倍的幼苗，加快了植物新品种的推广。如 1 个兰花原球茎 1 年可繁殖 400 万个原球茎，1 个草莓芽 1 年可繁殖 1 亿个芽，1 株葡萄 1 年可繁殖 3 万株。以前靠常规方法推广一个新品种要几年甚至 10 余年，而现在最快只要 1~2 年就可在世界范围内达到普及和应用。这对一些繁殖系数低的"名、优、新、奇、特"植物品种的推广更为重要。

植物离体快繁在我国已得到了广泛的应用，到目前为止已报道有上千种植物的离体快速繁殖获得成功，培养的植物种类由观赏植物逐渐发展到大田作物和药用植物等，其中兰花、红掌、马蹄莲、甘薯、草莓、香蕉、甘蔗、桉树、非洲菊等已开始工厂化生产。

(2)植物脱毒苗培育

植物在生长发育过程中几乎都要遭受病毒不同程度的危害，有的甚至同时受到数种病毒的危害，尤其是无性繁殖的植物，感染病毒后代代相传，严重影响了产量和品质，给生产造成严重经济损失。如草莓、马铃薯、甘蔗、葡萄、香蕉等植物感染病毒后，会造成产量下降、品质变劣；兰花、菊花、百合、香石竹等观赏植物受病毒危害后，会造成产花少、花小、花色暗淡，大大影响其观赏价值。

自20世纪50年代人们发现采用茎尖培养的方法可除去植物体内的病毒后，脱毒培养就成为解决植物病毒危害的主要方法。其原理是：由于植物生长点附近的病毒浓度很低甚至不带病毒，切取一定大小的茎尖分生组织进行培养，再生植株就可能脱除病毒，从而获得脱毒苗。若再与热处理相结合，则能提高脱毒效果。脱毒苗恢复了原有品种的优良性状，生长势明显增强，并且整齐一致。如脱毒后的马铃薯、甘薯、甘蔗、香蕉等植物可大幅度提高产量（最高可增产300%，平均增产30%以上），改善品质；兰花、水仙、大丽花等观赏植物脱毒后，植株生长势增强，花朵变大，产花量增加，色泽更鲜艳。目前，通过茎尖培养脱毒获得无病毒种苗的植物已超过100种。脱毒组培苗在国际市场上已形成产业化生产，其与快速繁殖相结合，由此产生的经济效益非常可观。

(3)植物新品种培育

植物组织培养技术为育种提供了更多的手段和方法，使育种工作在新的条件下能更有效地开展。

例如，通过花药或花粉培养可获得单倍体植株（由于单倍体植株往往不能结实，在花药或花粉培养中用秋水仙素处理，可使染色体加倍获得纯合的二倍体），不仅可以迅速获得纯的品系，更便于对隐性突变进行分离，较常规育种大大地缩短了育种年限。目前，已有几百种植物的花药培养获得成功，一些作物已利用花粉单倍体育出了新品种并应用于大面积生产。

又如，在植物种间杂交中，由于生理代谢等方面的原因，杂交后形成的胚珠往往在未成熟状态下就停止生长，不能形成有生活力的种子，出现杂交不育，给远缘杂交造成了极大的困难。通过胚的早期培养，可以使杂交胚正常发育，产生远缘杂交后代，从而培育出新品种，如大白菜与甘蓝的杂交种、苹果与梨的杂交种等。

此外，离体培养的细胞处于不断分裂的状态，容易受到培养条件的影响而发生变异，从中可以筛选出对人们有用的突变体，进而培育成新品种。目前，用这种方法已获得一批抗病虫、抗盐、高赖氨酸、高蛋白、矮秆高产的突变体，有些已用于生产。

(4)种质资源离体保存

种质资源是农业生产的基础。目前，自然灾害、人为活动已造成相当数量的植物在地球上消失或正在消失，特别是具有独特遗传性状的物种。通过将种质资源的外植体放到无菌环境中进行培养，并置于低温或超低温条件下保存，可达到长期保存的目的。离体保存种质资源不受环境影响，节约空间、人力和物力，便于管理，也便于种质资源的远距离交换与转移。如一个容积0.28m³的普通冰箱可存放2000株苹果组培苗，而容纳相同数量的苹果植株则需要近6hm²土地。

(5)植物次生代谢物的生产

多年来，人们一直从各种植物中提取用于工业、医药生产的次生代谢产物。这些次生代谢产物往往具有一些特定的功能，对人类有重要的影响和作用。但资源匮乏和人类需求的增加，以及植物生长缓慢等诸多原因，导致次生代谢产物供不应求，价格昂贵。利用植物组织或细胞的大规模培养，可提取出人类所需要的多种植物次生代谢产物，如生物碱、天然色素及其他生物活性物质。特别是药用植物的细胞培养，克服了药用植物生长缓慢、有效成分积累有限的缺陷，其发展前景十分诱人。目前，植物次生代谢产物的生产主要集中在制药工业中一些价格高、产量低、需求量大的化合物上(如紫杉醇、长春碱、紫草宁等),并且已有60多种植物的培养组织中的有效物质含量高于原植物,国际上已获得这方面专利100多项。三七、紫草和银杏等的次生代谢产物已经实现了工厂化生产。

(6)人工种子的生产

人工种子是指植物离体培养中产生的胚状体或不定芽,被包裹在含有养分和具有保护功能的人工胚乳和人工种皮中,从而形成的能发芽出苗的颗粒体。人工种子在自然条件下能够像天然种子一样正常生长。人工种子的生产具有繁殖速度快、成苗率高,不受气候影响,四季皆可工厂化生产等优点,可以为某些珍稀植物、远缘杂种等的繁殖提供有效手段。目前,兰花、胡萝卜、小麦、杂交水稻等的人工种子已进入开发阶段,可以实现工厂化、自动化生产。

总之,植物组织培养技术作为生物技术的基础和手段,已经渗透到生命科学的各个领域。随着科学技术的发展,组织培养技术的应用范围将日趋广泛,将发挥越来越重要的作用。

拓展学习

植物组织培养技术条件研究进展及发展前景

1. 植物组织培养技术条件研究进展

许多学者为了使植物组织培养技术更利于苗木快繁和规模化生产,在培养条件方面进行了大量研究,并获得了一定进展。

(1)培养基的改善

利用陶瓷、蛭石、脱脂棉纤维、成型岩棉、聚乙烯发泡材料等作为培养基支撑材料,可增加培养基的孔隙度、气体扩散和含氧量,从而促进组培苗的生长。另外,在培养基成分的改善方面也取得了一定进展。如培养基中不添加糖类化合物,即采用无糖培养基,并增加光照和二氧化碳(CO_2),可促进植物的自养作用;添加谷氨酸,可促进植物的光合作用和自养生长;添加碳素墨水,可提高生根率;添加青霉素,可解决玻璃化苗问题等。

(2)培养容器的改善

培养容器采用透光封盖,对组培苗的生长有良好的作用。采用大型的培养容器,可以较容易地调节环境因子,还可以实现自动化和机械化操作,减少人工操作的工作量。

(3)光照条件的改善

改善光源、光质和光照强度,可以改善组培苗的生长。如蓝光和红光有利于某些植物侧芽的产生,蓝光有利于蛋白质含量增加,红光有利于提高糖含量和促进叶素合成等。

(4)气体条件的改善

CO_2浓度是植物进行光合作用的关键因素之一。因此,通过调控CO_2的浓度水平,可以促进组培苗的光合作用,促进植株良好地生长发育。此外,可通过促进乙烯的产生,调节生长,解决玻璃化苗问题。

2. 植物组织培养发展前景

（1）开放式植物组织培养

开放式植物组织培养简称开放式组培，是指在使用抗菌剂的条件下，不需要高压蒸汽灭菌锅和超净工作台，利用塑料杯代替组培瓶，脱离严格无菌的操作环境，在自然开放的有菌环境中进行的植物组织培养。

开放式组培的特点是：培养容器的选择范围较大，不需要耐高温、高压的材料；培养基不需要灭菌；接种器具不需要灭菌；接种环境与培养环境不需要无菌；操作方便；微生物不易产生抗药性，能获得较持久的抑菌效果。这种方式降低了环境要求，从根本上简化了植物组织培养操作环节，在设备、场地、能源等方面都显著降低了成本。

（2）无糖组培

无糖组培又称光自养培养或光自养微繁。即采用 CO_2 气体代替传统培养基中的糖作为碳源，给不同种类的组培苗提供适宜的生长环境，从而快速繁殖出优质种苗。适用于具有绿叶或叶绿体的幼嫩组织的微繁殖。

无糖组培的特点是：采用 CO_2 代替糖作为组培苗的碳源，通过调控培养容器内的有效光量子流密度、CO_2 浓度和气流速度等来提高组培苗的光合速率，从而促进生长发育和快速繁殖。其技术创新在于依靠组培苗自身的光合作用来自我调节生长速度，是植物组织培养的一种全新概念，是环境控制技术和组织培养技术有机结合的产物。无糖组培解决了培养容器中气体（CO_2 和乙烯）环境差、易污染等问题。与常规组织培养相比，无糖组培能提高组培苗的生长速度，增强组培苗的品质，缩短培养时间并降低成本。但是，无糖组培对环境要求较高，若组培环境不能被控制并达不到一定的精度，会严重影响组培苗质量和经济效益。

目前，无糖组培已经成功应用于马蹄莲、非洲菊、万年青、香石竹等植物的培养中，并且取得了很好的试验效果。随着其理论研究的不断深入及相关配套技术的不断完善，无糖组培必将成为今后组培生产的一种重要手段。

（3）新型光源的应用

目前，在植物组织培养中用到的新型光源包括冷阴极荧光灯（CCFL）、发光二极管（LED）。

CCFL 与传统的光源相比，具备很多优点，如散热量小、能耗低、寿命长、体积小、显色性好、光质可调、发光均匀等。将 CCFL 应用于植物组织培养中，采用最佳的光质比例组合，可有效降低电力消耗，从而降低电力成本，增加生产企业的效益和产能。

LED 利用固体半导体芯片为发光材料，可以有效地将电能转变为电磁辐射。LED 属于冷光源，作为新型的高效节能光源，具有节能、可以在高速开关状态下工作、环保、响应速度快等特点，已被广泛使用在植物组织培养中。

任务 *1-2* 植物组织培养岗位认知

任务目标

1. 了解植物组织培养工作岗位的工作目标。
2. 了解植物组织培养工作岗位的工作职责。
3. 熟悉植物组织培养工作岗位的任职要求。

任务描述

了解植物组织培养工种，有助于明确学习目标和努力方向，培养岗位意识和激发学习的积极性，为将来从事植物组织培养工作打下基础。本任务主要学习植物组织培养工作岗位的工作目标、工作职责与任职要求。

材料与用具

笔记本等。

任务实施

1. 参观前准备

通过查阅相关书籍、浏览相关网站、观看相关视频等方式学习植物组织培养工作岗位相关知识，做好组培企业或科研单位参观前的准备。

2. 现场参观

到就近的组培企业或科研单位现场了解植物组织培养各个工作岗位及主要工作任务。

3. 小组内讨论

分组针对参观过程中的问题展开分析、讨论，教师答疑。

4. 小组间交流

各小组选派代表汇报讨论结果，教师就典型问题进行讲解。

考核评价

参照表 1-2-1 进行考核评价。

表 1-2-1　评价表

评价项目	评价标准	分值
学习态度	遵守企业规定，积极主动，责任心强	20
自主学习能力	能够使用网络资源查询植物组织培养工作岗位的工作任务	20
准备工作	做好参观前的准备，包括确定人员分工、需要咨询的事项等	20

（续）

评价项目	评价标准	分值
解决问题能力	科学、客观地分析问题，及时、合理地解决问题	20
团队协作	小组分工明确，相互办作，积极思考，认真讨论	20
合　　计		100

知识链接

1. 组培企业生产岗位设置

不管组培企业的规模实力与技术水平如何，其工作岗位大体按照组培苗生产操作流程设置，主要包括生产岗、研发岗、管理岗和营销岗。其中，生产岗的技术工种包括培养基制备工、接种工、培养工、驯化移栽与养护工等。

培养基制备工主要负责配制培养基母液和工作培养基。接种工主要负责外植体接种、继代与生根转接。培养工负责培养室（车间）的管理。驯化移栽与养护工负责组培苗的驯化移栽及日常养护工作。

2. 组培企业生产岗位工作目标

（1）培养基制备工

熟练进行培养器皿的清洗；按需、准确、规范、熟练地进行培养基的配制；熟练、规范地进行培养基的灭菌和存放。

（2）接种工

熟练、规范地进行外植体的消毒与接种、瓶苗的继代与生根转接，污染率控制在5%~10%。

（3）培养工

组培苗的分类管理符合要求；能根据培养材料的要求进行培养条件的调控；对组培苗生长分化情况仔细观察、全面记录；能及时挑选出异常苗并进行有效处理。

（4）驯化移栽与养护工

熟练、规范地进行组培苗驯化移栽操作；移栽组培苗成活率高，苗壮、长势强，达到规格要求，按计划交苗。

3. 组培企业生产岗位工作职责

（1）培养基制备工

①按照母液配制和工作培养基配制操作流程进行培养基的配制。

②认真做好计算、核对，及时填写和保存工作记录。

③保证桌面整洁，无残留液，用品摆放合理、有序，保持所有器具及工作区域的卫生。

（2）接种工

①保持接种室（车间）清洁卫生。

②做好接种前的准备工作，严格遵守无菌操作规程进行操作。

③认真做好工作记录。

④保质、保量完成工作任务。

（3）培养工

①保持培养室（车间）清洁卫生。

②每天及时挑选出污染苗、畸形苗和其他生长异常苗。

③根据培养需要有效调控环境条件。

④定期做好培养材料的观察记录，及时反馈。

⑤保证用电安全。

（4）驯化移栽与养护工

①保持棚室整洁卫生。

②按照组培苗驯化移栽要求规范操作。

③精心、科学管理，保证组培苗正常生长发育。

④认真观察并有效解决组培苗移栽过程中出现的问题。

⑤保证组培苗驯化移栽成活率及生长质量。

⑥保证组培苗的销售期。

4. 组培企业生产岗位任职要求

（1）培养基制备工

①清楚玻璃器皿的洗涤方法与标准，能够熟练清洗各种玻璃器皿。

②能够熟练配制母液和工作培养基。

③清楚培养基的配制目的、操作流程、各环节技术要求，掌握培养基制备相关的理论知识。

④能够规范使用高压蒸汽灭菌锅。

⑤能根据培养基的种类分区域存放并正确标识培养基。

（2）接种工

①能够准确识别植物器官，正确选择外植体。

②具有无菌观念，清楚外植体表面灭菌的原理、无菌操作的方法及其操作规程与注意事项。

③能够根据不同的外植体选择适宜的接种方法，并具备娴熟、规范的无菌操作能力。

（3）培养工

①能够准确判断污染瓶和畸形苗，并有效处理。

②清楚组培原理、培养条件、常用的组培快繁方法与影响因素。

③具备组培苗观察能力和分析、解决易发问题的能力。

④能够使用相关设备有效调控培养环境。

⑤能够根据培养对象实施科学有效的管理。

（4）驯化移栽与养护工

①熟悉组培苗驯化移栽的目的、原则、时期与条件要求。

②能够根据驯化移栽的对象制订科学的实施方案，并且熟练、规范地进行驯化移栽操作。

③熟悉相关设施设备的性能、特点与使用方法，具备简易栽培设施的建造与维护能力。

④具备一定的栽培养护能力。

💡 **复习思考题** ....

1. 什么是植物组织培养？
2. 植物组织培养包括哪些类型？
3. 植物组织培养有哪些特点？
4. 植物组织培养的原理是什么？
5. 植物组织培养的发展前景如何？

项目2

植物组织培养工作环境

　　植物组织培养是在无菌条件下进行植物材料的离体培养。要满足无菌条件，就要人为创造无菌环境，使用无菌的器具进行无菌操作(将无菌的植物材料接种在适宜的培养基上)，并在人工控制的培养条件下使植物材料生长、发育和繁殖。而无菌环境和培养条件的创造需要一定的设施和设备，这就要求在从事植物组织培养工作之前，应对组培工作中需要的基本设施、设备条件有全面的了解，以便为科学设计、组建组培空间和更好地从事组培操作与管理工作奠定基础。

≫ 知识目标

　　1. 了解植物组织培养实验室的组成及各部分的功能。
　　2. 了解植物组织培养实验室的设计原则与设计要求。
　　3. 熟悉植物组织培养常用仪器设备的用途及使用方法。

≫ 技能目标

　　1. 能根据实际情况对植物组织培养实验室进行设计。
　　2. 能对现有植物组织培养实验室的设计进行合理评价。
　　3. 能正确操作植物组织培养实验室的仪器设备。

任务 2-1 植物组织培养实验室设计

📖 **任务目标** ··

1. 了解植物组织培养实验室的基本组成及各部分的功能。
2. 能根据需求科学设计植物组织培养实验室，并绘制设计草图。
3. 能对现有植物组织培养实验室的设计进行评价并提出修改意见。

📑 **任务描述** ··

植物组织培养实验室(以下简称组培实验室)是从事植物组织培养工作的场所，要事先做好设计。本任务是在观看视频、听教师讲解等的基础上，遵循组培实验室的设计原则与总体要求，分组完成组培实验室设计，并提交简易组培实验室平面设计图和设计说明。

🔍 **材料与用具** ··

测量尺、丁字尺、铅笔、橡皮、绘图纸等。

📋 **任务实施** ··

1. 学习相关知识

通过查阅书籍、观看视频、听教师讲解等，学习组培实验室设计相关知识。

2. 确定设计方案

根据组培实验室设计原则及总体要求，每人制订一份组培实验室设计方案，小组内讨论后择优确定设计方案。

3. 绘制设计图

根据组培实验室设计方案绘制组培实验室设计草图，安排具体设施和设备的位置，并撰写设计说明。

4. 小组间讨论与教师点评

各小组汇报组培实验室设计思路和设计方案，其余小组就设计方案的内容提问，教师就典型问题进行讲解。

5. 完善设计图

经小组间讨论与教师点评后，各小组修改设计图，最终提交组培实验室设计平面图和设计说明。

📊 **考核评价** ··

参照表 2-1-1 进行考核评价。

表 2-1-1　评价表

评价项目	评价标准	分值
学习态度	积极主动，责任心强	20
组培实验室设计知识掌握	能够准确说出组培实验室的设计原则及总体要求	20
设计方案	设计方案科学、合理，符合实际	20
设计图	设计合理，绘制清晰，并注明各操作间的设施和设备	20
设计说明	表述清晰，条理性和逻辑性强，理论结合实践的能力强	20
合　　计		100

知识链接 ···

1. 组培实验室的组成

大型组培实验室可设置药品贮藏室、药品称量室、洗涤室、培养基配制室、灭菌室、缓冲室、接种室、培养室及一定面积的驯化移栽室，这种设置一般采用工厂化生产车间的设计形式，可满足流水式生产。小型组培实验室在设计时，可结合具体情况把同类操作空间加以合并，如将洗涤室、培养基配制室、灭菌室合并为一个准备室，但接种室、培养室和驯化移栽室都需单独设置。

（1）**药品贮藏室**

①**主要功能**　用于存放无机盐、维生素、氨基酸、糖类、琼脂、生长调节物质等各种化学药品。植物组织培养需要许多化学药品，环境温度过高、湿度过大和光照过强等不良环境条件，会严重影响药品的质量和使用期限，从而影响培养效果。因此，必须设置一个单独的药品贮藏室。

②**设计要求**　药品贮藏室的大小可根据药品的多少和生产规模确定。要求室内干燥、通风，避免光照。

③**仪器与用具**　配有药品柜、冰箱等设备。无机盐性质较为稳定，可在室温下存放；维生素、生长调节物质等，需置于4℃冰箱中保存。

（2）**药品称量室**

①**主要功能**　用于各种化学药品的称量。

②**设计要求**　要求室内干燥、密封、无直射光照。应设有牢固、平稳、防震的实验台。

③**仪器与用具**　根据需要，配备各类天平（一般配备精确度为0.01g的普通天平和精确度为0.0001g的电子分析天平），以及药匙、称量纸、毛刷等。

（3）**洗涤室**

①**主要功能**　用于玻璃器皿的洗涤、干燥和贮存，培养材料的清洗，以及组培苗的出瓶、清洗与整理等。

②**设计要求**　设置中央实验台，并根据需要配备若干个大型水槽（最好是白瓷水槽）；保持上、下水道通畅，墙壁要有耐湿、防潮功能。

③仪器与用具 配备干燥器、干燥架、小推车、周转箱、器皿柜、毛刷等。如果洗涤工作量大，可以购置一台洗瓶机。

（4）培养基配制室

①主要功能 用于母液的配制，工作培养基的配制、分装以及暂时存放。

②设计要求 在条件允许的情况下，面积宜大不宜小，室内设置大型实验台，以方便多人同时工作。要求宽敞明亮、通风良好，地面便于清洁并进行防滑处理。

③仪器与用具 配备冰箱、天平、电磁炉、磁力搅拌器、水浴锅、酸度计、微量可调移液器、培养基分装设备等仪器，以及烧杯、量筒、移液管等量具。

（5）灭菌室

①主要功能 用于培养基、玻璃器皿和接种器械等的灭菌。

②设计要求 要求墙壁耐湿，墙壁上最好设有能排除蒸汽的排风扇；配有加热装置和供排水设施。生产规模较小时，可与洗涤室、培养基配制室合并在一起，但灭菌锅的摆放位置要远离天平和冰箱。

③仪器与用具 配备高压蒸汽灭菌锅、干热灭菌器、细菌过滤装置、小推车等。

（6）缓冲室

①主要功能 是进入接种室前的缓冲场地，用于防止工作人员从外界将灰尘、杂菌等污染物带入接种室。工作人员在此更衣换鞋，戴上口罩，才能进入接种室。

②设计要求 应建在接种室外，面积不宜太大，一般 $4\sim5m^2$。室内应保持清洁无菌，墙面光滑平整，地面平坦无缝。应安装紫外灯，用以照射灭菌。配置滑动门，以减少开关门时的空气流通。

③仪器与用具 配备鞋柜、衣柜、工作服、实验帽、口罩、拖鞋等。

（7）接种室

①主要功能 接种室又称无菌操作室，用于接种材料的消毒、接种及培养物的转接等无菌操作。无菌操作是植物组织培养中最关键的一步。

②设计要求 面积原则上不宜过大，小型的 $5\sim8m^2$ 即可，大型的可达 $20\sim30m^2$。无菌环境是最主要、最核心的控制要素，因此要求墙壁光滑平整不易积灰尘，地面平坦无缝便于清洗和灭菌，最好采用水磨石地面、白瓷砖墙面、防菌漆天花板。门窗要密闭，一般用平滑门窗，以减少开关时的空气流动。在适当的位置安装 $1\sim2$ 盏紫外灯，用以照射灭菌。采用空调控制室温，这样可以紧闭门窗，减少与外界的空气对流。

③仪器与用具 配备超净工作台、紫外灯、空调、解剖镜、接种器械灭菌器、接种工具、医用小推车、酒精灯、置物架等。

（8）培养室

①主要功能 为植物材料生长的场所，用于控制培养材料生长所需的温度、湿度、光照等条件。

②设计要求 培养室的大小可根据生产规模和培养架的大小、数量及其他附属设备而定。其设计以充分利用空间和节省能源为原则，每个培养室面积一般 $10\sim20m^2$，空间不宜太大，以便于对培养条件进行控制。采用窗式或立式空调控制温度（由于不同植物要求不同的培养温度，最好不同植物有不同的培养室）；室内湿度要求恒定，可安装加湿器或除湿机；每个培养架安装 $2\sim3$ 盏日光灯，可安装定时开关控制光照时间。

③仪器与用具　配备培养架、空调、摇床(或振荡培养箱)、光照培养箱(或人工气候箱)、光照时控器、照度计、干湿温度计、加湿器、除湿机等。

（9）驯化移栽室

①主要功能　用于组培苗的驯化移栽。

②设计要求　其面积大小视生产规模而定。要求环境清洁，具备一定的控温、保湿、遮阴、防虫和采光等条件。

③仪器与用具　配备移动喷灌装置、遮阳网、驯化移栽床等设备，营养钵、花盆、穴盘等移栽容器，以及草炭、珍珠岩、蛭石等移栽基质。普通温室或塑料大棚经过适当的改造均可用于组培苗的驯化移栽。如果条件允许，可以选择智能型连栋式温室(又称现代化温室)，每栋可达数千至上万平方米，框架采用镀锌钢材，屋面用铝合金材料作桁条，覆盖物可采用玻璃、塑料板材或塑料薄膜。冬季通过热水、蒸汽或热风加温，夏季采用通风与遮阴相结合的方法降温。整栋温室的加温、通风和降温等工作可部分或全部由计算机控制。

2. 组培实验室的设计原则和总体要求

植物组织培养是一项技术性很强的工作，建造组培实验室所需的投资较大，建成后的运转费用和维护费用也比较高。因此，在设计组培实验室时，要做到统筹规划、科学设计，既避免一次性投资成本过高，又能充分发挥组培实验室的功能。

（1）设计原则

①防止污染　应选择大气条件良好、空气污染少、无水土污染的地方建造组培实验室，以利于防止和控制污染。

②结构和布局合理　通常按照植物组织培养的工作程序，设计成一条连续的生产线，以保障工作的连续性，使之经济、实用和高效。

③要方便工作、节省能源，同时应配备消防设备，安全使用。

④规划设计与组培目的、生产规模及当地条件等相适应　用于科研和小规模生产的，面积较小；进行大规模工厂化生产的，面积较大，也称为"组培工厂"，其规模大小根据市场需求、年预期产苗量、投资额、现有条件等因素综合确定。

（2）总体要求

①组培实验室应建在周围安静、阳光充足、无高大建筑物遮挡的地块；最好在常年主风向的上风方向，以尽量减少污染；要求交通便利，便于产品的运送。

②保证组培实验室环境清洁　环境清洁可从根本上有效控制污染，这是植物组织培养工作的最基本要求。因此，过道、防尘设备、外来空气过滤装置等的设计是非常必要的。此外，建造时应采用产生灰尘量最少的建筑材料；墙壁与天花板、地面的交界处宜做成弧形，便于日常清洁；管道要尽量暗装，安排好暗敷管道的走向，以便于日后的维修，并能确保在维修时不造成污染；洗手池、下水道的位置要适宜，下水道开口位置应对实验室的洁净度影响最小，并有避免污染的措施；设置防止昆虫、鸟类、鼠类等动物进入的设施。

③接种室、培养室的装修材料须经得起消毒、清洁和冲洗，并设置相应的控温控湿设施。

④电源应由专业机构的人员设计、安装并经验证合格之后方可使用。应有备用电

源，以保证停电时能继续工作。

⑤必须满足3个基本工作程序的需要，即实验准备(器皿洗涤与存放、培养基配制、各种器具的灭菌)、无菌操作和培养。

⑥各分室的大小和比例要合理　一般要求培养室与其他分室(除驯化移栽室外)的面积之比为3∶2，培养室的有效面积(即培养架所占面积，一般占培养室总面积的2/3)与生产规模相适应。

⑦采光、控温方式应与气候条件相适应　组培实验室为密封式或半地下式，一般采用人工光照和恒温控制。

任务 2-2　常用仪器设备及器具的使用

📖 任务目标

1. 熟悉组培实验室常用仪器设备的工作原理。
2. 掌握组培实验室常用仪器设备及器具的使用方法。

📄 任务描述

开展植物组织培养工作，对组织培养相关仪器设备及器具的功能、使用方法及注意事项有系统的了解，才能保证组织培养工作的顺利进行。本任务主要学习植物组织培养相关仪器设备及器具的使用。

🔍 材料与用具

超净工作台、空调、蒸馏水发生器、高压灭菌锅、器械灭菌器、冰箱、显微镜、电子分析天平、普通天平、培养架、振荡培养箱、酸度计、烘箱、各种玻璃器皿和器械。

🔧 任务实施

1. 学习相关知识

通过查阅书籍、观看视频、听教师讲解等，学习植物组织培养常用仪器设备及器具的相关知识。

2. 现场操作

①教师演示植物组织培养主要仪器设备及器具的使用方法，并强调操作过程中的注意事项。

②学生分组练习高压灭菌锅、超净工作台、电子分析天平、干燥箱、光照培养箱等常用仪器设备的使用方法。

3. 交流讨论

分组针对操作过程中出现的问题进行讨论，教师就典型问题进行讲解。

4. 清理现场

安排值日生清理现场。要求仪器设备及器具归位，现场整洁。

考核评价 ···

参照表 2-2-1 进行考核评价。

表 2-2-1　评价表

评价项目	评价标准	分值
高压灭菌锅使用	电源、气阀、水阀等识别、操作正确，温度、压力设置方法正确	20
超净工作台使用	紫外线消毒、风速控制、台面清洁等操作正确	20
电子分析天平使用	调平、校码、清零、称量等操作规范，读数准确	20
干燥箱使用	温度和时间设置方法正确	20
光照培养箱使用	温度和光照设置方法正确	10
文明、安全操作	器皿和用具摆放有序，场地整洁	10
合　　计		100

知识链接 ···

1. 常用仪器设备

(1)培养基配制相关仪器设备

①天平　组培实验室需要 2~4 台不同精度的天平。感量为 0.01g 的普通天平（图 2-2-1），用于称量大量元素、蔗糖、琼脂等用量较大的药品；感量为 0.0001g 的电子分析天平（图 2-2-2），用于称量微量元素、维生素、植物生长调节物质等用量小且要求精确度较高的药品。天平应放置在干燥、防震的操作台上。有条件的组培实验室可配备称量室。在称量药品时，应使用专门的称量纸或称量容器，避免药品洒落在天平的载物盘上对天平造成腐蚀。

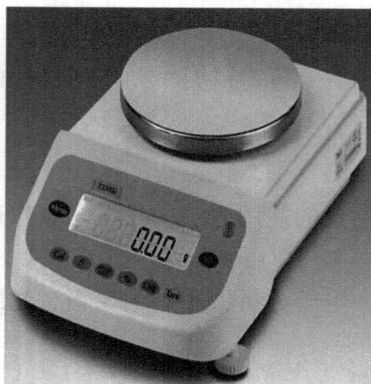

图 2-2-1　普通天平　　　　**图 2-2-2　电子分析天平**

②蒸馏水发生器　用于制备配制培养基母液和工作培养基所需的蒸馏水。由于自来水中含有各种离子、有机物、胶体颗粒等杂质，因此配制培养基时应使用蒸馏水，以便完全人为控制培养基的成分。大规模生产性组培育苗对水质要求不太高，可使用自来水。

③磁力搅拌器　主要用于加速搅拌难溶的各种化学药品，同时也具有加热功能，可提高溶液温度，促进药品溶解(图 2-2-3)。

④水浴锅　主要用于一些难溶药品的加热溶解、琼脂的熔化等(图 2-2-4)。需要注意的是，由于水浴锅主要部件为加热装置，为避免长期使用产生水垢，降低加热效率，最好使用蒸馏水。

图 2-2-3　磁力搅拌器

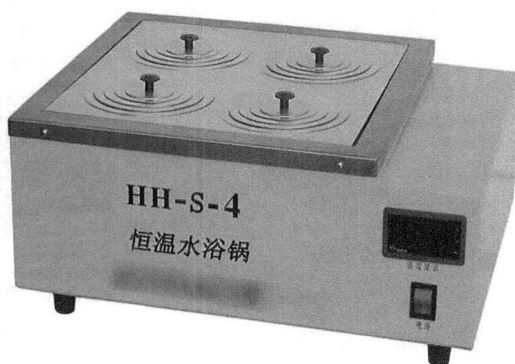

图 2-2-4　水浴锅

⑤酸度计　用于测定培养基及其他溶液的 pH，一般要求可测定 pH 范围为 1~14，精度 0.01(图 2-2-5)。酸度计既可在配制培养基时使用，也可用于测定培养过程中培养基 pH 的变化。若不做研究，仅用于生产，也可用 pH 范围为 4~7 的精密试纸进行测定。

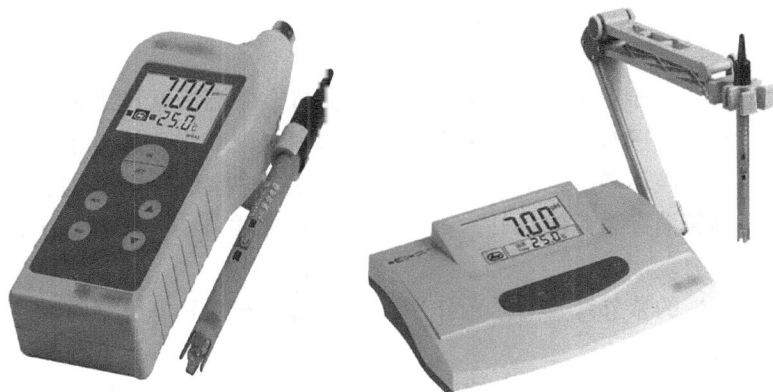

图 2-2-5　酸度计

⑥冰箱　用于培养基母液、植物生长调节物质和各种维生素等易变性或失效的药品的贮存，还可用于植物材料的低温保存及低温处理。

(2)灭菌设备

①高压灭菌锅　是一种密闭性良好且可承受高压的金属锅，其上有显示灭菌锅内温

度和压力的显示表，还有排气阀和安全阀。主要用于培养基、玻璃器皿、接种器械的灭菌及无菌水的制备。按照体积大小，可分为小型手提式、中型立式和大型卧式等不同规格（图2-2-6）；按照自动化程度，可分为手动控制、半自动控制和全自动控制。可根据生产规模进行配备，小型组培实验室可选用小型手提式高压灭菌锅；如果大规模生产，应选用大型卧式高压灭菌锅。

| 小型手提式 | 中型立式 | 大型卧式 |

图2-2-6　高压灭菌锅

②干燥箱　又称烘箱，用于对洗净的玻璃器皿进行干燥，也可用于干热灭菌和测定干物质含量。用于干燥时，温度需保持80~100℃；用于干热灭菌时，需160~180℃保持1~3h；若用于测定干物质含量，则温度应控制在80℃，烘至植物材料完全干燥为止。

③细菌过滤器　一些植物生长调节物质[如赤霉素（GA）、脱落酸（ABA）、玉米素（ZT）]在高温下易被分解破坏而丧失活性，可用孔径为0.45μm的微孔滤膜来进行过滤除菌。当药液通过滤膜时，细菌的细胞和真菌的孢子、菌丝等因大于滤膜孔径而被除去。过滤除菌的药液量大时，常采用减压过滤装置；药液量较小时，可用注射器过滤组件。

④臭氧发生器　主要用于空气的消毒杀菌。臭氧在常温、常压下能自行分解成氧气和单个氧原子，而氧原子对微生物有极强的氧化作用，可氧化分解微生物内部氧化葡萄糖所需要的酶，从而破坏微生物的细胞膜，将其杀死，多余的氧原子则会自行重新结合成为氧气分子。臭氧消毒杀菌效果好，不存在任何有毒残留物，对多种细菌、病毒、芽孢均有很强的杀灭力。

⑤紫外灯　产生的紫外线具有杀菌作用，主要用于对接种室、缓冲室、培养室等的空气和环境进行消毒。

⑥器械灭菌器　接种时用于接种工具的灭菌（图2-2-7）。由不锈钢制成，原理是将电能转换为热能，对接种器械灭菌。其操作简单，工作温度可达到900℃，杀菌迅速、高效。

（3）接种设备

①超净工作台　是植物组织培养最常用的无菌操作设备，主要用于植物材料的消毒、切割、分离、转接，具有操作方便舒适、工作效率高、无菌效果好等优点。超净工

作台有多种类型，按照风幕形成的方式，可分为垂直送风型和水平送风型；按照结构和大小，可分为单人单面型、双人单面型（图 2-2-8）、双人双面型等；按照操作形式，可分为开放式操作型和封闭式操作型。空气通过细菌过滤装置，以固定不变的速率从工作台面上流出，在操作人员与操作台之间形成风幕，保证了台面的无菌状态。

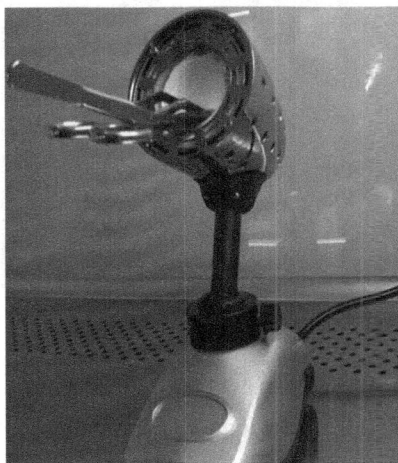

图 2-2-7　器械灭菌器　　　　　图 2-2-8　双人单面型超净工作台

②显微镜　植物组织培养过程中常用到各种显微镜，如体视显微镜、普通光学显微镜、倒置显微镜等。显微镜要求能安装或带有照相装置，以对培养材料进行拍摄记录。

体视显微镜　又称实体显微镜或解剖镜，主要用于剥离茎尖、解剖植物的器官和组织，也可以从培养器皿的外部观察细胞和组织的生长情况。

普通光学显微镜　是最常见的光学显微镜，主要用于植物材料显微结构的观察和鉴定。通常植物材料需要预先制备成组织切片。

倒置显微镜　组成与普通光学显微镜一样，只是物镜和照明系统颠倒，前者在载物台之下，后者在载物台之上。用于观察培养的活细胞，如培养瓶中贴壁生长的细胞或悬浮于培养液中的细胞。

（4）培养设备

①培养架　是进行固体培养时摆放培养材料的设备。培养架一般设 4～5 层，每层可用铁丝网或平板玻璃隔开，以使顶层的灯光能透射到下层的培养物上。最低一层离地面高约 10cm，层间隔为 40～50cm，总高度为 1.7m 左右；长度根据日光灯的长度而定，如采用 40W 的日光灯，长为 1.3m，采用 30W 的日光灯，则长为 1m；宽度一般为 60cm。光照强度可根据培养材料的特性来确定，一般每层配备 2～4 盏日光灯（图 2-2-9）。

②空调　用于保证接种室和培养室的室温。培养室温度一般要求常年保持在 23～27℃，空调可以保证室内温度均匀、恒定。空调应安装在室内较高的位置，以便于排热散凉，使室温均匀。

③除湿机和加湿器　培养室的湿度也要求恒定，一般保持 70%～80%。湿度过高易滋长杂菌，湿度过低时培养器皿内的培养基会失水变干，从而影响外植体的正常生长。湿度过高时，可采用小型室内除湿机除湿；湿度过低时，可采用加湿器增湿。

④摇床和振荡培养箱　进行液体培养时，为了改善液体培养基中细胞或组织的营养

图 2-2-9　培养架

及氧气供应，加快细胞或组织的生长，可用摇床或振荡培养箱来避免细胞聚集。通常植物组织培养用 1r/min 的慢速摇床，悬浮培养需用 80～100r/min 的快速摇床，冲程应在 3cm 左右。转速过高或冲程过大，会使细胞被震破。

⑤光照培养箱　是具有光照功能的高精度恒温设备，对温度、湿度、光照等环境因子的控制比培养室更加精准，用于植物组织、细胞、原生质体的高精度培养。

2. 常用器皿和用具

（1）培养器皿

在植物组织培养中，配制培养基和进行培养时需要大量的器皿。培养器皿要求透光度好，能耐高温、高压，方便放入培养基和培养材料。根据培养目的和要求不同，可选用不同类型和规格的培养器皿。

①培养瓶　主要用于外植体静置培养、振荡培养或瓶苗继代培养，规格有 50mL、100mL、150mL、250mL、500mL 等。优点：培养面积大，利于培养物生长；透光度好；瓶口小，不易污染。

②试管　主要用于茎尖培养、花药培养、花粉粒液体培养等。要求口径大，长度稍短，规格以 20mm×150mm、25mm×150mm、30mm×150mm 为宜。优点：占用空间少，单位面积容纳的培养物数量多。

③果酱瓶　主要用于继代培养和生根培养。优点：在工厂化大批量生产时使用，价格低廉；口径较大，便于操作。缺点：污染率较高，透光性稍差。

④塑料瓶　主要用于兰科植物的培养，规格有 100mL、150mL、200mL、250mL 等。优点：密封性好，瓶内湿度大；质轻，便于操作；不易破损，污染率低；长方体形状的塑料瓶培养株数多，且叠摞起来节约空间。缺点：透气性差，可重复利用性较差。

（2）分注器

分注器用于把配制好的培养基按一定量注入培养器皿中。一般由直径 4～6cm 的大型滴管、漏斗、橡胶管及铁夹组成。还有量筒式的分注器，上有刻度，便于控制。大规模生产时，可采用液体自动定量灌注设备。

（3）其他器皿

主要有量筒、量杯、烧杯、吸管、滴管、容量瓶、称量瓶、试剂瓶、贮存母液的棕色玻璃瓶等。

（4）金属器械

①镊子　主要有用于分离植物组织等的尖头镊子，以及用于夹取植物器官进行外植体接种和继代转接的枪形镊子。

②剪刀　主要用于剪取植物材料。可用弯形剪刀，其头部弯曲，能深入瓶中进行剪取。

③解剖刀　用于切割植物材料。有活动型和固定型两种：活动型可更换刀片，适于分离培养物；固定型适用于解剖较大外植体。刀口要保持锋利状态，否则切割植物材料时会造成挤压，引起切口周围细胞或组织大量死亡，影响培养效果。

④其他器械　如接种铲、接种针，主要用于花药培养和花粉培养，也可用于愈伤组织的转接。

💡 **复习思考题** ....

1. 组培实验室的设计应满足哪些原则及要求？
2. 组培实验室由哪些分室组成？各有何功能？
3. 组培实验室为什么一般配有缓冲间？
4. 组培实验室必备的设备有哪些？各有何作用？
5. 超净工作台的工作原理是什么？怎样使用？
6. 设计一个小型植物组织培养实验室。

项目3

培养基配制

　　培养基是根据植物生长发育的需要，人工配制的含有各种营养成分的基质。培养基是植物组织培养的核心，也是决定植物组织培养成败的关键因素之一。外植体之所以能沿着不同的组织培养途径生长、分化，其主要原因就在于培养基中的各种成分对外植体的生长发育起着定向调控作用。

　　在离体培养条件下，不同的植物组织以及同种植物不同部位的组织对营养的要求不相同，只有满足其要求，才能更好地生长发育。因此，在建立一个新的培养体系时，必须找到一种合适的培养基，培养才有可能成功。

>> 知识目标

　　1. 掌握各类器具的洗涤方法。
　　2. 掌握培养基的成分及其作用。
　　3. 掌握配制培养基的操作过程。
　　4. 掌握培养基的灭菌方法。

>> 技能目标

　　1. 能够根据器具的种类进行正确洗涤。
　　2. 能独立进行母液的配制与保存。
　　3. 能独立完成培养基的配制过程。
　　4. 掌握高压蒸汽灭菌锅的使用方法。

任务 3-1　器具洗涤

📖 **任务目标** ....

1. 了解洗涤液的种类及特点。
2. 熟悉各种洗涤液的配制方法。
3. 能根据器具的种类进行正确洗涤。

📄 **任务描述** ....

植物组织培养需要大量的雏形瓶、果酱瓶等玻璃器皿和烧杯、容量瓶等量具。如果玻璃器具清洗不彻底，会给后期的培养基彻底灭菌带来压力，可能造成植物材料在培养过程中发生污染，进而影响培养的进程，造成不必要的损失，甚至导致培养失败。因此，器具的洗涤是植物组织培养很重要的一项日常性工作，也是开展植物组织培养工作的第一步。本任务主要是对新购及使用过的玻璃器具进行洗涤。

🔍 **材料与用具** ....

新购和使用过(未污染)的培养瓶、试剂瓶等容器，移液管、吸管、量筒、烧杯、容量瓶等量具，以及污染瓶；洗衣粉、洗洁精、浓硫酸、浓盐酸、高锰酸钾、重铬酸钾、95%乙醇、蒸馏水等。

📋 **任务实施** ....

1. 制订洗涤方案

学生分组，各小组根据任务安排制订洗涤方案，确定洗涤方法和操作流程，做好人员分工。

2. 洗涤液配制

根据待洗涤玻璃器具的数量和盛装洗涤液的器具大小，配制1%稀盐酸溶液、4%重铬酸钾-硫酸洗液(简称铬酸洗液)。

(1)1%稀盐酸溶液的配制

根据公式 $c_1 \times V_1 = c_2 \times V_2$，计算需要移取的浓盐酸体积，再加入相应体积(即配制溶液的体积-浓盐酸移取量)的蒸馏水，搅拌均匀即可。

(2)4%铬酸洗液的配制

称取25g重铬酸钾至烧杯中，加500mL蒸馏水，加热搅拌至完全溶解，待冷却后再缓慢加入90mL浓硫酸，搅拌均匀即可。

3. 器具清洗

各小组根据洗涤方案洗涤器具，教师巡回指导。

4. 组间讨论

各小组自检器具洗涤效果，并分析、讨论洗涤操作过程中存在的问题，教师就典型问题进行讲解。

5. 清理现场

安排值日生清理现场，要求设备、用具归位，现场整洁，记录填写完整。

📊 **考核评价** ···

参照表3-1-1进行考核评价。

表3-1-1　评价表

评价项目	评价标准	分值
学习态度	积极主动，责任心强	20
洗涤液的配制	能够按要求配制各类洗涤液，配制方法正确	20
器具洗涤	洗涤方法正确，操作认真、仔细、迅速	20
洗涤效果	器具洗涤后透明锃亮，内、外壁水膜均一，不挂水珠；洗涤后的器具摆放整齐	20
团队协作	小组成员分工明确、相互协作，有团队精神	20
合　　计		100

🚏 **知识链接** ···

1. 洗涤液种类

洗涤液的种类很多，可根据要求选择经济有效的洗涤液。常用的主要有洗衣粉液、洗洁精和铬酸洗液等。

（1）洗衣粉液、洗洁精

洗衣粉、洗洁精是常用的去污剂，使用温水会使其去污能力更强。适用于玻璃器皿和金属类器具的洗涤。对于油脂较多的器具，可先用纸擦去油渍，再用洗衣粉液等洗涤，这样效果较好。

（2）铬酸洗液

铬酸洗液为强氧化剂，去污能力很强，对无机离子、灰尘洗涤效果好，但对油脂类物质无效。加热铬酸洗液可增强去污作用。铬酸洗液可反复使用，直至溶液呈现青褐色为止。

2. 器具洗涤方法

植物组织培养对玻璃器具的清洁程度要求较高。清洗器具一般在较大的水池中进行，池底最好放一张橡胶垫，以减少器具破损。下水道应保持畅通。此外，需准备若干盆与桶、各种类型的刷子、用于晾干器具的落水架和存放器具的器皿柜等。

（1）新购玻璃器具的洗涤

新购的玻璃器具或多或少都含有游离的碱性物质，可采用酸洗法洗涤。先用1%稀盐酸浸泡4h以上，然后用毛刷蘸洗衣粉液刷洗，再用自来水冲洗干净，最后用蒸馏水冲淋1次，晾干后备用。

（2）使用过但未污染玻璃器具的洗涤

清洗日常使用过的烧杯、试管和培养瓶等玻璃量具，先除去器具内的残渣，然后用清水冲洗，放入洗衣粉液中浸泡一段时间，再用毛刷将器具内外刷洗干净（如果洗涤效果不好，可增加洗衣粉液的浓度或适当加热），用自来水冲洗干净，最后用蒸馏水冲淋1次，晾干后备用。

对于移液管、滴管、量筒等较难刷洗的玻璃量具，可用吸耳球和热洗衣粉液反复吸洗数次，再在水龙头下用流水冲洗干净，垂直放置晾干。如果洗后急需使用，用待吸量的液体吸、弃数次，或用95%乙醇吸、弃数次后，即可使用。

对于污渍严重的玻璃器具，可先将待洗的器具浸泡在铬酸洗液中数小时，取出后用自来水冲洗干净，再用蒸馏水冲淋1次，晾干后备用。

（3）污染玻璃器具的洗涤

清洗被细菌和真菌污染的玻璃器具，非常重要的一个环节是先不打开瓶盖，将它们放入高压蒸汽灭菌锅，在121℃下灭菌30min，再进行洗涤。即使带有污染物的培养器皿是一次性消耗品，也应先进行高压蒸汽灭菌再丢弃，以尽量降低细菌和真菌在实验室中扩散的概率，减少污染源。

洗净的玻璃器具应透明锃亮，内、外壁水膜均一，不挂水珠。将洗净的玻璃器具置于控水架上沥水晾干。急需使用的器皿可以用烘箱烘干。

3. 器具洗涤注意事项

①铬酸洗液具有很强的氧化和腐蚀作用，不能用手直接接触洗液，也不要使其溅到皮肤及衣服上。

②为保持铬酸洗液长时间不变质，切忌将洗液直接放入盛过乙醇、甲醛溶液等还原剂的器皿。

③洗净的玻璃器皿要晾干或烘干后才能使用。

④带刻度的计量容器不宜高温烘烤，否则易引起量具变形，影响量取液体体积的准确性。

任务 3-2　母液配制与保存

📖 任务目标 ……………………………………………………………………………………

1. 掌握培养基的基本成分及作用。
2. 了解常用培养基的种类及特点。
3. 能熟练进行母液的配制与保存。

任务描述 ....

培养基是由多种化学物质组成的，如果每配制一次培养基都进行多次称量，不仅会造成较大的误差，而且会增加工作量。为了简化操作步骤、保证精度，一般将培养基配方中的各种成分分类并配成一定浓度的母液，放入冰箱保存，使用时再按比例稀释。本任务主要是配制 MS 培养基母液(含大量元素母液、微量元素母液、铁盐母液、有机物母液)和生长调节物质母液并进行妥善保存。

材料与用具 ....

MS 培养基配方中所需的各种药品、蒸馏水、95%乙醇、1mol/L NaOH、1mol/L HCl；电子分析天平(精确度分别为 0.01g、0.0001g)、磁力搅拌器、冰箱；烧杯、量筒、容量瓶、贮液瓶(无色、棕色)；标签纸、记号笔等。

任务实施 ....

1. 制订母液配制方案

学生分组，各小组根据任务安排制订母液配制方案，列出设备和用品清单，做好人员分工。

2. 计算药品称取量

确定母液的扩大倍数，然后根据母液扩大倍数和配制体积计算各种药品的称取量。计算公式如下：

药品称取量(mg) = 培养基配方用量(mg/L)×扩大倍数×母液配制体积(L)

3. MS 培养基母液配制

(1)称量

药品称量要准确。配制大量元素母液时用精确度为 0.01g 的天平称量，配制微量元素、铁盐和有机物母液时用精确度为 0.0001g 的天平称量。称量时最好选用硫酸纸衬垫；药匙要专药专用，避免混杂；称好的药品要做好标记，防止漏称或重复称量；称量容易吸潮的药品时速度要快。

(2)溶解

在烧杯中加入适量(母液配制体积的 50%~60%)的蒸馏水，将称量好的药品按顺序加入(当一种药品完全溶解后再加入另外一种，直至该母液的所有药品全部溶解)。在溶解过程中，对于难溶的药品可以通过加热促进溶解，但温度不可过高，以 60~70℃为宜。配制大量元素母液时，必须最后加入氯化钙或单独配制，否则容易出现沉淀；配制铁盐母液时，先用少量蒸馏水将 Na_2-EDTA 加热溶解，再缓慢加入 $FeSO_4 \cdot 7H_2O$ 溶液，充分搅拌并加热 5~10min，使其充分螯合。

(3)定容

将完全溶解的溶液倒入相应的容量瓶中(用玻璃棒引流)，用蒸馏水冲洗烧杯 3~4次，并将洗液全部转入容量瓶中，再加蒸馏水定容至刻度线(注意一定要平视刻度线观察），盖紧盖子，用一只手的大拇指按住盖子，同时双手拿起容量瓶上下摇动，使溶液与蒸馏水混合均匀。

4. 生长调节物质母液配制

（1）生长素类母液配制

称取萘乙酸（NAA）等生长素 100mg，先用少量 95% 乙醇或 0.1mol/L NaOH 助溶，再用蒸馏水定容至 100mL，摇匀即成 1mg/mL 的母液。

（2）细胞分裂素母液配制

称取 6-苄基腺嘌呤（6-BA）、激动素（KT）等细胞分裂素 100mg，用少量 0.1mol/L HCl 并加热助溶，再用蒸馏水定容至 100mL，摇匀即成 1mg/mL 的母液。

（3）赤霉素（GA）母液配制

称取赤霉素（常用 GA_3）100mg，用少量 95% 乙醇助溶，再用蒸馏水定容至 100mL，摇匀即成 1mg/mL 的母液。

5. 母液保存

将配制好的 MS 培养基母液及生长调节物质母液倒入试剂瓶中，贴上标签，注明母液名称、扩大倍数（或浓度）、配制时间等，置于 4℃ 冰箱中保存备用。

6. 清理现场

安排值日生清理现场，要求设备、用具归位，现场整洁，记录填写完整。

考核评价 ······

参照表 3-2-1 进行考核评价。

表 3-2-1　评价表

评价项目	评价标准	分值
计算	按培养基配方用量及扩大倍数准确计算药品称取量	10
称量	操作规范、熟练，读数准确	20
溶解	药品加入有序，玻璃棒使用正确，药品完全溶解	20
定容	定容准确，无溶液溅出容器外现象	20
标签	所配各种母液标注清楚、正确	10
文明、安全操作	操作文明、安全，器皿和用具摆放有序，场地整洁	10
团队协作	小组成员分工合理、相互协作、积极思考、认真讨论	10
合　计		100

知识链接 ······

1. 培养基成分

植物组织培养过程中，外植体生长发育所需要的营养成分主要从培养基中获得。培养基好比传统栽培的土壤，是植物组织培养中离体材料赖以生存的物质基础，是决定植物组织培养成功与否的关键因素之一。培养基的主要成分包括水、无机营养、有机营养、植物生长调节物质等。

（1）水

水是植物原生质体的组成成分，也是一切代谢活动的介质和溶媒，是生命活动不可缺少的物质。配制培养基母液时要用蒸馏水，以确保母液及培养基成分的准确性，防止贮存过程中发霉变质。配制用于筛选的培养基时用蒸馏水，大规模生产时可用自来水代替蒸馏水，以降低生产成本。

（2）无机营养

无机营养是指植物在生长发育时所需要的各种矿质营养，它能够为外植体提供除碳（C）、氢（H）、氧（O）以外的一切必要元素。根据植物生长对其需求量的多少，将其分为大量元素和微量元素两类。

①大量元素　是指植物生长发育所需浓度≥0.5mmol/L的元素，主要有氮（N）、磷（P）、钾（K）、钙（Ca）、镁（Mg）、硫（S）等。其中，氮参与蛋白质、叶绿素、维生素、核酸、磷脂等物质的构成，主要以硝态氮（NO_3^-）和铵态氮（NH_4^+）两种形式被利用，因此以 KNO_3、NH_4NO_3、$(NH_4)_2SO_4$ 等形式添加到培养基中。磷是原生质、细胞核的重要组成成分，不仅能增加养分、提供能量，还能促进对氮的吸收，增加蛋白质在植物体内的积累，主要以 KH_2PO_4 或 NaH_2PO_4 的形式添加到培养基中。钾、镁、钙等能够影响植物细胞代谢过程中酶的活性。

②微量元素　是指植物生长发育所需浓度<0.5mmol/L的元素，主要有铁（Fe）、锰（Mn）、硼（B）、钼（Mo）、锌（Zn）、铜（Cu）、钴（Co）等。这些元素虽然用量少，但却对植物细胞的生命活动有着重要的作用。其中，铁是用量较多的一种元素，是叶绿素形成的必要条件。铁不容易被植物直接吸收，而且容易沉淀失效。在培养基中加入由 $FeSO_4 \cdot 7H_2O$ 和 Na_2-EDTA 结合成的螯合态铁，可以减少沉淀，提高利用率。

（3）有机营养

①糖类　为外植体生长发育提供碳源和能源，并维持培养基的渗透压。常用的有蔗糖、葡萄糖、果糖、麦芽糖、半乳糖等，其中最常用的是蔗糖，使用浓度一般为2%～3%。在大规模生产时，可用食用白糖来代替蔗糖，以降低生产成本。

②维生素类　在植物细胞中主要以各种辅酶的形式参与多种代谢活动，对外植体的生长、分化等有很好的促进作用。常用的有维生素 B_1（盐酸硫胺素）、维生素 B_6（盐酸吡哆醇）、维生素 B_3（烟酸，又称维生素PP）、维生素 B_5（泛酸钙）、维生素C（抗坏血酸），有时还用维生素H（生物素）、维生素 B_{11}（叶酸）等，一般使用浓度为0.1～1.0mg/L。其中，维生素 B_1 是所有细胞必需的基本维生素，可全面促进生长发育；维生素 B_6 能促进根的生长；维生素 B_3 与细胞代谢和胚的发育有一定关系；维生素C可防止组织褐变。需注意的是，维生素具有热变性，易在高温下降解，可进行过滤除菌。

③氨基酸　是很好的有机氮源，可被细胞直接吸收利用，对外植体的芽、根、胚状体的生长、分化均有良好的促进作用。常用的主要有甘氨酸、精氨酸、谷氨酸、谷氨酰胺、丝氨酸、丙氨酸、天冬氨酸、天冬酰胺、半胱氨酸以及多种氨基酸的混合物，如水解乳蛋白（LH）、水解酪蛋白（CH）等。其中，甘氨酸能促进离体根的生长，对植物组织的生长具有良好的促进作用；丝氨酸和谷氨酰胺有利于花药胚状体或不定芽的分化；半

胱氨酸具有延缓酚类物质氧化和防止褐变的作用；水解乳蛋白和水解酪蛋白对胚状体、不定芽的分化有良好的作用。

④肌醇　又称环己六醇，在糖类的相互转化中起重要作用。它参与细胞壁和细胞膜的构建，对植物组织和细胞的繁殖、分化有促进作用，在植物组织培养过程中能促进愈伤组织的生长以及胚状体和芽的形成，使用浓度一般为100mg/L。

⑤天然有机物　主要指成分尚不清楚的天然提取物，其中含有一定的植物激素和多种维生素等复杂成分，能促进植物细胞和组织的增殖与分化，促进愈伤组织和器官的生长。常用的有椰乳、香蕉泥、马铃薯、酵母提取液、苹果汁、番茄汁等。

（4）植物生长调节物质

虽然植物生长调节物质在培养基中的用量很小，但是其在植物组织培养中起到极其关键的作用。它不仅可以促进植物组织脱分化形成愈伤组织，还可以诱导不定芽、不定胚的形成。常用的有生长素和细胞分裂素，有时还会用到赤霉素等。

①生长素　在植物组织培养中，生长素的主要作用是：促进细胞伸长生长和分裂；诱导愈伤组织形成；促进生根；在与一定量的细胞分裂素配合使用时可诱导不定芽分化和侧芽的萌发与生长。常用的生长素有吲哚乙酸（IAA）、吲哚丁酸（IBA）、NAA、2,4-二氯苯氧乙酸（2,4-D）等，作用的强弱顺序为2,4-D>NAA>IBA>IAA。

IAA是天然存在的生长素，也可人工合成，其活性较低，对器官形成的副作用小，不耐高温，经高压蒸汽灭菌易被破坏。IBA和NAA广泛用于生根，IBA是天然存在的生长素，可被光分解和酶氧化，对根的诱导作用强烈，诱导的根多而长；NAA是人工合成的，性质比较稳定，与IBA相比，NAA诱导生根的能力比较弱，诱导的根少而粗，但在某些植物上诱导的效果好于IBA。2,4-D是一种人工合成的生长素，在促进愈伤组织形成上启动能力比IAA高10倍，但对促进芽的形成和根的分化等方面效果不好，且过量使用有毒害作用，一般在诱导愈伤组织时使用。

②细胞分裂素　主要作用是：促进细胞分裂和扩大；诱导芽的分化，促进侧芽萌发；抑制组织衰老和根的分化。细胞分裂素常与生长素配合使用，当生长素与细胞分裂素的比值大时，可促进根的形成；当生长素与细胞分裂素的比值小时，可促进芽的形成。常用的细胞分裂素有6-BA、KT、ZT等，作用的强弱顺序为ZT>6-BA>KT。6-BA和KT均是人工合成的，6-BA的作用效果远远好于KT，是目前应用最广泛的细胞分裂素。ZT对芽的诱导效果很好，但性质不稳定，在高温下易分解。

③赤霉素　有20多种，培养基中添加的主要是GA_3，其作用是促进幼苗茎的伸长生长和不定胚发育成小植株。此外，赤霉素还用于打破休眠，促进种子、块茎、鳞茎等提前萌发。一般在器官形成后，添加赤霉素可促进器官或胚状体的生长。赤霉素不耐热，经高压蒸汽灭菌后将有70%~100%失效，可过滤灭菌后加入培养基中。

（5）其他成分

根据培养目的和培养材料不同，在植物组织培养过程中还需加入一些其他成分，如琼脂、抗生素、抗氧化物质、活性炭等。

①琼脂　是一种从海藻中提取出来的高分子碳水化合物，本身并不提供任何营养。琼脂能溶解于90℃以上的热水中成为溶胶，冷却至40℃则凝固为固体状凝胶。琼脂的用量一般为6~10g/L，若浓度过高，会使培养基变硬，培养材料不容易吸收到培养基中的

营养物质；若浓度过低，培养基凝固性不好，培养材料在培养基中不易固定，易发生玻璃化现象。

琼脂的凝固能力除与原料、厂家的加工方式有关外，还与高压蒸汽灭菌时的温度、时间及培养基的 pH 等因素有关。长时间的高温会使其凝固能力下降；过酸或过碱加上高温会使琼脂发生水解，丧失凝固能力；存放时间过久，也会逐渐丧失凝固能力。一般以颜色浅、透明度好、洁净的为上品。

②抗生素　在培养基中添加抗生素可防止菌类污染，减少培养材料的损失。常用的抗生素有青霉素、链霉素、庆大霉素等，用量一般为 5~20mg/L。大部分抗生素需要过滤除菌。

③抗氧化物质　培养基中添加抗氧化物质的目的是减轻培养材料褐化现象。常用的抗氧化物质有维生素 C、半胱氨酸、柠檬酸、聚乙烯吡咯烷酮（PVP）等，用量一般为 50~200mg/L。

④活性炭　培养基中添加活性炭的目的是利用其吸附性减少一些有害物质的不利影响。如活性炭能够吸附一些酚类物质，减轻植物组织褐变死亡现象；可使培养基变黑，有利于某些植物生根；还可降低玻璃化苗的发生频率。但活性炭的吸附性没有选择性，其既能吸附有害物质，也能吸附营养物质，因此使用时应慎重考虑。此外，高浓度的活性炭会削弱琼脂的凝固能力。因此，添加活性炭时要适当增加培养基中琼脂的用量。

2. 培养基种类

培养基的种类很多，应根据不同的植物、培养部位及培养目的选用不同的培养基。

（1）根据态相分类

根据态相不同，培养基分为固体培养基和液体培养基。固体培养基是指添加了凝固剂的固体型培养基；液体培养基是指未添加凝固剂的液体型培养基。

（2）根据培养阶段分类

根据培养阶段不同，培养基分为初代培养基和继代培养基。初代培养基是指用于外植体的第一次接种培养的培养基；继代培养基是指用于培养初代培养之后培养物的培养基。

（3）根据培养目的分类

根据培养目的不同，培养基分为诱导培养基、增殖培养基和生根培养基。诱导培养基是指用于诱导愈伤组织形成和器官分化尤其是芽形态建成的培养基；增殖培养基是指用于诱导培养物扩大繁殖的培养基（对于同一种植物来说，每次增殖使用的培养基几乎完全相同）；生根培养基是指用于诱导组培苗生根的培养基，通常不加植物生长调节物质或加少量的生长素。

（4）根据营养水平分类

根据营养水平不同，培养基分为基本培养基和完全培养基。基本培养基是指只含有大量元素、微量元素和有机营养等最基本成分的培养基，通常所说的 MS 培养基、B5 培养基、N6 培养基、White 培养基等都属于基本培养基；完全培养基是由基本培养基添加适宜的植物生长调节物质、有机附加物、凝固剂等组成的培养基。

3. 常用培养基配方和特点

（1）常用培养基配方

植物组织培养中常用的培养基有 MS 培养基、White 培养基、B5 培养基、N6 培养基、WPM 培养基、Nitsch 培养基、Miller 培养基、SH 培养基等，它们的配方见表 3-2-2 所列。

表 3-2-2　几种常用培养基配方

项　目	培养基含量（mg/L）							
	MS 培养基	White 培养基	B5 培养基	N6 培养基	WPM 培养基	Nitsch 培养基	Miller 培养基	SH 培养基
NH_4NO_3	1650					720		
KNO_3	1900	80	2527.5	2830	400	950	1000	2500
$(NH_4)_2SO_4$			134	463				
KCl		65					65	
$CaCl_2 \cdot 2H_2O$	440		150	166	96	166		200
$Ca(NO_3)_2 \cdot 4H_2O$		300			556		347	
$MgSO_4 \cdot 7H_2O$	370	720	246.5	185	370	185	35	400
K_2SO_4					900			
Na_2SO_4		200						
KH_2PO_4	170			400	170	68	300	
K_2HPO_4								300
NaH_2PO_4		16.5	150					
$FeSO_4 \cdot 7H_2O$	27.8			27.8		27.85		15
$Na_2\text{-EDTA}$	37.3			37.3		37.75		20
$Na\text{-Fe-EDTA}$			28				32	
$Fe_2(SO_4)_3$		2.5						
$MnSO_4 \cdot H_2O$					22.3			
$MnSO_4 \cdot 4H_2O$	22.3	5	10	4.4		25	4.4	
$ZnSO_4 \cdot 7H_2O$	8.6	3	2	3.8		10	1.5	
$NiCl_2 \cdot 6H_2O$								1.0
$CoCl_2 \cdot 6H_2O$	0.025		0.025			0.025		
$CuSO_4 \cdot 5H_2O$	0.025		0.025		0.025			
MoO_3						0.25		
$Na_2MoO_3 \cdot 2H_2O$	0.25		0.25		0.25			
KI	0.83	0.75	0.75	0.8		10	1.6	5.0

（续）

项 目	培养基含量（mg/L）							
	MS 培养基	White 培养基	B5 培养基	N6 培养基	WPM 培养基	Nitsch 培养基	Miller 培养基	SH 培养基
H_3BO_3	6.2	1.5	3	1.6	6.2			
$NaH_2PO_4 \cdot H_2O$		16.5	150					
维生素 B_3（烟酸）	0.5	0.3	1	0.5				5.0
维生素 B_6 （盐酸吡哆醇）	0.5	0.1	1	0.5				5.0
维生素 B_1 （盐酸硫胺素）	0.1	0.1	10	1				0.5
肌醇	100		100			100		100
甘氨酸	2	3		2				
pH	5.8	5.6	5.5	5.8	5.8	6.0	5.8	5.8

（2）常用培养基特点

①MS 培养基　1962 年由 Murshige 和 Skoog 为培养烟草组织而设计，是目前应用最广泛的一种培养基。其特点是无机盐浓度高，具有高含量的氮、钾，尤其是铵盐和硝酸盐的含量很高，营养丰富，养分的含量和比例较合适，不需要添加更多的有机附加物就能满足植物组织生长的需要，即使培养物久不转移，仍可维持其生存。

②White 培养基　1943 年由 White 为培养番茄根尖而设计，于 1963 年做了改良，提高了 $MgSO_4$ 的浓度，并增加了硼素，称为 White 改良培养基。其特点是无机盐浓度较低，适用于生根培养和幼胚培养。

③B5 培养基　1968 年由 Gamborg 等为培养大豆根细胞而设计。其特点是钾盐和盐酸硫胺素含量高，铵盐含量较低，这可能是因为铵盐对不少培养物的生长有抑制作用。适用于双子叶植物特别是木本植物的组织培养。

④N6 培养基　1974 年由我国学者朱至清等为培养水稻等禾谷类作物的花药而设计。其特点是成分较简单，KNO_3 和（NH_4）$_2SO_4$ 含量高。目前在国内已广泛应用于小麦、水稻及其他植物的花粉和花药培养。

⑤WPM 培养基　1933 年由 Mecown Lioyd 为木本植物茎尖培养而设计。其特点是硝态氮和钙、钾含量高，不含碘元素。

⑥Nitsch 培养基　1951 年由 Nitsch 设计。其特点是大量元素含量低，微量元素种类少，氮含量高，主要用于花药培养。

⑦Miller 培养基　1963 年由 Miller 设计。其特点是无机元素含量比 MS 培养基减少 1/3~1/2，微量元素种类少，不含肌醇，主要用于花药培养。

⑧SH 培养基　1972 年由 Schenk 和 Hidebrandt 设计。其主要特点与 B5 培养基相似，不用（NH_4）$_2SO_4$，而改用（NH_4）H_2PO_4，是无机盐浓度较高的一种培养基。在很多双子叶植物和单子叶植物上使用效果很好。

4. 母液种类与保存

根据营养元素的类别和化学性质，母液一般分为大量元素母液、微量元素母液、铁盐母液、有机物母液和生长调节物质母液等。

（1）大量元素母液

大量元素母液是指含有 N、P、K、Ca、Mg、S 等大量元素的混合液，一般配成 10 倍或 20 倍的母液。配制时各种药品应分别称量、分别溶解后再混合，以免产生沉淀。混合时要注意加入的先后顺序，将 Ca^{2+} 与 PO_4^{3-}、SO_4^{2-} 错开，以免产生硫酸钙和磷酸钙沉淀，必要时应将钙盐单独配制。

（2）微量元素母液

微量元素母液是指含有除 Fe 以外的 Mn、B、Zn、Cu、Mo、Co 等微量元素的混合液，一般配成 100 倍或 200 倍的母液。用电子分析天平准确称取药品后，分别溶解，再混合定容。

（3）铁盐母液

由于 Fe^{2+} 在水溶液中不稳定，容易与 OH^- 或其他离子结合而发生沉淀，因此需要单独配制。一般配成 100 倍的母液。Na_2-EDTA 需用热水溶解，Na_2-EDTA 溶液在与 $FeSO_4 \cdot 7H_2O$ 混合时一定要缓慢，边混合边搅拌，使其充分螯合，并待充分冷却后再保存。

（4）有机物母液

有机物母液主要成分是维生素和氨基酸类物质，一般配成 100 倍或 200 倍的母液。琼脂、蔗糖等用量大的有机物不需要配成母液，配制培养基时按用量称取。

（5）生长调节物质母液

每种生长调节物质必须单独配成母液，浓度一般为 $0.1 \sim 1.0 mg/mL$。因用量较少，一次可配 50mL 或 100mL。

多数生长调节物质不溶于水或难溶于水，要先用适当的溶剂溶解，再加水定容。一般 IAA、IBA、GA_3、ZT、ABA 等先溶于少量的 95% 乙醇中，再加水定容；NAA 可先溶于热水或少量 95% 乙醇中，再加水定容；2,4-D 可用少量 1mol/L NaOH 溶解后，再加水定容；KT 和 6-BA 先溶于少量 1mol/L HCl 中，再加水定容。

> **小贴士**
>
> 　　配制培养基母液的水为蒸馏水或去离子水；选用的药品为分析纯或化学纯；药品的称量、溶解、定容要准确、规范；配制好的母液应分别贴上标签，注明母液名称、扩大倍数、配制日期等。铁盐母液、有机物母液、生长调节物质母液最好用棕色试剂瓶贮存。母液应放在 $2 \sim 4 ℃$ 冰箱中保存，用前轻轻摇一下，若无沉淀，则按比例稀释；若发现有沉淀，则需重新配制。母液保存时间不宜过长，最好 2 个月内用完。IAA 母液由于在几天之内即能发生光解，因此必须置于棕色瓶中避光保存，而且保存时间最好不超过 1 周。

任务 3-3 培养基配制与灭菌

📖 **任务目标** ·····································

1. 了解培养基配制前的准备工作。
2. 掌握培养基配制的操作过程。
3. 掌握培养基的灭菌和保存方法。

📄 **任务描述** ·····································

培养基是植物组织培养过程中离体植物材料生长分化的载体和介质，为离体植物材料供给营养。培养基配制与灭菌是植物组织培养日常性工作之一，是植物组织培养过程中的基本操作步骤和关键性技术环节，其质量的高低和针对性的强弱，关系到植物组织培养的质量和进程。因此，从事植物组织培养工作，必须熟练掌握培养基配制与灭菌。本任务主要学习培养基配制与灭菌操作。

📇 **材料与用具** ·····································

MS 培养基的各种母液、生长调节物质母液、琼脂、蔗糖、蒸馏水、0.1mol/L NaOH、0.1mol/L HCl；天平、移液管（或微量可调移液器）、电炉（或电磁炉）、酸度计（或 pH 试纸）、全自动高压蒸汽灭菌锅；量筒、烧杯、容量瓶、培养瓶；封口材料、标签、记号笔等。

📜 **任务实施** ·····································

1. 制订培养基配制和灭菌方案

学生分组，各小组选用不同的培养基配方，制订培养基配制和灭菌方案，做好人员分工。

2. 计算用量

根据培养基配方、MS 培养基母液扩大倍数、生长调节物质母液浓度、培养基配制体积等，计算各种母液、蔗糖、琼脂等的用量。计算公式如下：

$$MS 培养基母液用量 = \frac{培养基配制体积}{母液扩大倍数}$$

$$生长调节物质母液用量 = \frac{培养基配方浓度}{母液浓度} \times 培养基配制体积$$

$$蔗糖、琼脂称取量 = 百分比浓度 \times 培养基配制体积$$

3. 培养基配制

（1）量取母液

取适量（配制培养基总体积的 2/3 左右）的蒸馏水加入容器中，然后依次用专用移液管吸取各种 MS 培养基母液和生长调节物质母液，搅拌均匀。

（2）溶解蔗糖和琼脂

称取蔗糖和琼脂加入适量蒸馏水中，加热并不断搅拌，直至蔗糖和琼脂完全溶解。

（3）定容

上述溶液充分混合均匀，加蒸馏水定容至最终体积。

（4）调节 pH

用 0.1mol/L NaOH 或 0.1mol/L HCl 将培养基的 pH 调节至所需的数值。

（5）分装

将配好的培养基趁热分装到培养瓶中（容积 250mL 的培养瓶可装入 30~40mL 培养基），分装时培养基不要黏附在瓶口和瓶壁上。

（6）封口

用封口材料包扎瓶口或盖上瓶盖。

（7）标识

在培养瓶上贴上标签或用记号笔在瓶壁上注明培养基的代号、配制日期等，以免混淆。

4. 培养基灭菌

（1）加水

打开高压蒸汽灭菌锅电源开关，沿内锅与外锅夹缝加水，至高水位灯亮。

（2）装锅

把待灭菌的培养基装入高压蒸汽灭菌锅内，并盖上内锅盖。

（3）封盖

盖上外锅盖，旋紧螺旋，封闭各出气孔。

（4）设置参数

按"SET/ENT"键，设置参数（温度 121℃，时间 15~30min）。

（5）自动灭菌

按"START"键，进入自动控制灭菌过程。当温度达到设定值时，灭菌锅的显示窗显示灭菌时间，灭菌开始倒计时。

（6）报警

当显示屏显示"END"时，蜂鸣器发出提示音，表示灭菌结束。

（7）降压

关掉电源开关，等待灭菌锅自动降压为零。

（8）出锅冷却

打开锅盖，取出培养基，平放冷却，备用。

5. 清理现场

安排值日生清理现场。要求设备、用具归位，现场整洁，记录填写完整。

考核评价

参照表3-3-1进行考核评价。

表3-3-1 评价表

评价项目	评价标准	分值
用量计算	母液、蔗糖、琼脂的用量计算正确	10
移取母液	移液操作规范，不滴、不漏；每种母液配专用移液管，一一对应	10
溶解蔗糖和琼脂	不糊锅、不外溢；蔗糖和琼脂溶解后的培养基澄清透明	10
定容	操作熟练，无溶液溅出容器外现象；刻度线识别正确	10
pH调节	pH调整、测定方法正确	10
分装	分装器不接触容器，不将培养基溅到容器壁口；分装量合适，分装均匀	10
封口	用封口膜封口时，扎绳位置在瓶颈处，松紧适宜；用塑料瓶盖封口时，瓶盖旋紧	10
标识与记录	标识清楚，位置适宜；记录填写及时、规范、全面	10
灭菌	高压蒸汽灭菌锅操作规范，灭菌温度及时间设定正确	10
文明、安全操作	操作文明、安全，器皿和用具摆放有序，场地整洁	10
合　计		100

知识链接

1. 培养基配制

（1）母液量取

先取适量的蒸馏水放入容器内，然后依次用专用移液管或量筒按计算好的用量量取大量元素母液、微量元素母液、铁盐母液、有机物母液和生长调节物质母液。生长调节物质母液用量很少，但对植物的生长发育至关重要，条件许可时用微量可调移液器量取。

（2）混合定容

母液加完后将其倒入已熔化的琼脂和已溶解的蔗糖中，不断搅拌，加蒸馏水定容至培养基配制体积。

（3）调节pH

培养基配制好后，应立即调节pH。大多数植物都要求培养基pH为5.6~5.8。一般用0.1mol/L NaOH或0.1mol/L HCl调节pH至所需数值。酸度计准确度高，对精密实验等研究有利；若开展一般性育苗和生产工作，可直接用精密pH试纸测定pH。pH试纸应保存于干燥器中，以免吸湿受潮而影响准确性。

在高压蒸汽灭菌过程中，培养基中的某些成分会发生分解或氧化，引起培养基的离子比例发生变化，从而使培养基的酸度提高，表现为pH下降。因此，需要注意两点：

第一，经高压蒸汽灭菌后，培养基的 pH 会下降 0.2~0.8，故灭菌前的 pH 应高于目标 pH 0.3~0.5 个单位；第二，pH 的大小会影响琼脂的凝固能力，一般培养基偏酸时，培养基需要较多的琼脂才能凝固，反之培养基偏碱时，凝固效果好，但当 pH 大于 6.0 时，培养基会变硬。

2. 培养基分装

琼脂大约在 40℃ 条件下凝固，因此配制好的培养基应趁热分装到经洗涤并晾干的培养容器中。分装时，要掌握好音养基的分装量，过多既浪费培养基又缩小了培养材料的生长空间，过少则不易接种并影响培养材料生长。培养基体积一般以试管、锥形瓶等培养容器容积的 1/4~1/3 为宜，若采用果酱瓶，则培养基的厚度一般以 2cm 为宜。分装时尽量避免将培养基黏附到瓶壁上，以免引起污染。分装后应尽快盖上盖子或用封口膜封口，并做上标记，注明培养基种类和配制日期。

3. 培养基灭菌

培养基含有大量的有机物，特别是含糖量较高，是各种微生物滋生、繁殖的理想场所。因此，分装后的培养基应立即灭菌。若不能及时灭菌，最好放入冰箱中保存，在 24h 内完成灭菌工作。

(1)高压蒸汽灭菌

培养基一般采用高压蒸汽灭菌，即把分装好的培养基置于高压蒸汽灭菌锅中，当锅内压力达到 0.11MPa、温度为 121℃ 时，灭菌 15~30min。

培养基高压蒸汽灭菌所需的时间随着体积而变化(表 3-3-2)。培养基灭菌不能超过规定的压力范围，灭菌时间不能过长，否则容易引起营养成分的损失，并且琼脂会因灭菌时间的延长而凝固能力下降，甚至不能凝固。

表 3-3-2 培养基灭菌所需的最短时间

培养基的体积(mL)	121℃下灭菌所需的最短时间(min)	培养基的体积(mL)	121℃下灭菌所需的最短时间(min)
20~25	15	1000	30
75~150	20	1500	35
250~500	25	2000	40

(2)过滤灭菌

培养基中包含的一些生长调节物质，如 IAA、GA_3、ZT、ABA 等以及某些维生素，遇热不稳定，不能进行高压蒸汽灭菌，因此要使用细菌过滤器除去其中的杂菌。细菌过滤器与滤膜在使用之前要先进行高压蒸汽灭菌。过滤后的溶液要立即加入无菌培养基中。若为液体培养基，可在培养基冷却至 30℃ 时加入；若为固体培养基，必须在培养基凝固之前(50~60℃)加入，振荡使溶液与其他成分混合均匀。

4. 培养基保存

灭菌后的培养基在室温下冷却后即可使用。若灭菌后不能立即使用，应放在洁净、无灰尘、遮光、4~5℃ 的环境中进行贮存。灭菌后的培养基贮存时间不宜过长，最好在

2 周内用完，否则培养基的成分、含水量等容易发生变化，且容易造成污染。含有 IAA 或 GA_3 的培养基最好在 1 周内用完。

需要注意的是，在培养基凝固过程中不要移动容器，待凝固后再进行转移。若培养基灭菌后出现沉淀或琼脂不凝固的现象，则培养基不能使用，应查明原因后重新配制。

复习思考题

1. 培养基一般包括哪些成分？各成分的主要作用是什么？
2. 植物生长调节物质主要有哪几类？各有什么作用？
3. 列举几种常用基本培养基，并谈谈 MS 培养基的特点。
4. 简述 MS 培养基母液和植物生长调节物质母液的配制方法。
5. 配制 MS 培养基母液时，为什么要将铁盐单独配制？
6. 培养基的分装与灭菌各有哪些注意事项？

项目4
无菌操作

　　无菌操作是在无菌条件下，将经过表面消毒的离体植物材料切割或分离出器官、组织或细胞等，并将其放到无菌培养基上的全部过程。无菌操作包括外植体、接种环境、接种工具的灭菌，以及个人消毒等若干技术环节，需要严格遵守无菌操作规程。从事植物组织培养工作，必须掌握该项基本操作技术。只有很好地掌握和应用无菌操作技术，才能为下一步的无菌培养奠定基础。

》知识目标

　　1. 掌握组培实验室环境灭菌的方法。
　　2. 掌握外植体选择与处理的方法。
　　3. 掌握外植体消毒的操作流程。
　　4. 掌握外植体的无菌接种技术。

》技能目标

　　1. 能对接种室、培养室进行环境灭菌。
　　2. 能熟练地完成外植体的表面消毒。
　　3. 能规范地进行外植体无菌接种操作。

任务 4-1 组培实验室环境灭菌

📖 任务目标

1. 掌握组培实验室常用的灭菌方法。
2. 能对接种室、培养室进行环境灭菌。

📑 任务描述

植物组织培养利用的是植物离体的器官、组织或细胞作为材料，这些材料既不够健壮，保护和防御系统又有极大的缺失，极易被微生物侵染而变质或死亡，造成生产损失乃至生产失败。因此，植物组织培养需要在无菌环境下进行。对各种操作环境进行灭菌是植物组织培养的常规工作之一。本任务主要以接种室、培养室、缓冲室为灭菌对象，学习组培实验室环境灭菌的方法。

🔬 材料与用具

广口瓶；甲醛、高锰酸钾、2%新洁尔灭、75%乙醇；卷尺（或皮尺）、喷壶；接种室、培养室、缓冲室等植物组织培养工作场所。

🔧 任务实施

1. 制订方案

学生分组，教师为各小组划分不同的待灭菌空间，各小组根据给定的灭菌任务制订可行的灭菌方案，确定所需试剂、设备及用品，做好人员分工。

2. 调查灭菌空间

各小组调查待灭菌空间的环境、设备情况，记录备用。

3. 灭菌

各小组对照灭菌方案及待灭菌空间调查结果，分别对待灭菌空间实施灭菌操作。

4. 清理现场

各小组灭菌完毕，清理场地。要求设备、用具归位，现场整洁。

📊 考核评价

参照表 4-1-1 进行考核评价。

表 4-1-1 评价表

评价项目	评价标准	分值
准备工作	能够按照任务要求准备好各种试材和设备	20
灭菌空间调查	灭菌空间环境、设备调查准确	20

（续）

评价项目	评价标准	分值
环境灭菌	能因地制宜地选择考效的灭菌方法对接种室、培养室、缓冲室进行灭菌	20
文明、安全操作	工作服、口罩、手套等穿戴整齐；操作场地整洁，物品摆放有序	20
团队协作	小组成员分工明确、相互协作，工作任务完成迅速	20
合　　计		100

知识链接

1. 灭菌剂的作用原理

（1）紫外线

紫外线波长 200 ~ 300nm，以 260nm 杀菌作用最强。紫外线可通过使微生物细胞 DNA 链上相邻的两个胸腺嘧啶共价结合而形成二聚体，阻碍 DNA 正常转录，导致微生物死亡。另外，紫外线辐射所产生的臭氧和各种自由基可损伤微生物的蛋白质和酶分子，导致其功能改变。紫外线不仅对微生物有致命影响，对人也有一定的致癌作用。因此，在用紫外线灭菌期间，工作人员不要处于正在灭菌的空间内，更不要用眼睛注视紫外灯，同时要避免手长时间在开着紫外灯的超净工作台内进行操作。缓冲室、接种室用紫外线灭菌后，一般不要立即进入，应在关闭紫外灯 20min 后再进入，因为室内高浓度的臭氧会对人体尤其是呼吸系统造成伤害。

（2）甲醛和高锰酸钾

一般每立方米空间用甲醛溶液(福尔马林)10mL 加高锰酸钾 5g 进行熏蒸灭菌。甲醛是一种无色但有强烈刺激性的气体，可与蛋白质中的氨基结合使其变性或使蛋白质分子烷基化，对细菌、芽孢、真菌、病毒均有效。甲醛对眼睛和呼吸系统有强烈的刺激作用，因此，在用甲醛和高锰酸钾熏蒸灭菌期间，不宜进入灭菌空间。灭菌后通风换气，等气味散尽后再进入。

（3）乙醇

乙醇分子具有较大的渗透能力，能穿过细菌表面的细胞膜进入细菌内部，使细菌细胞内的水分排出，导致细菌细胞脱水，破坏其生理活性，进而达到杀菌的目的。乙醇的杀菌效果与浓度密切相关，并非浓度越高越好。浓度过高会在细菌表面形成保护性屏障，阻碍其深入细菌内部，影响彻底杀灭细菌的效果；而浓度过低无法有效凝固细菌体内的蛋白质，同样无法实现理想的杀菌效果。70% ~ 75%乙醇在消毒方面表现最为出色，尤其是 75%的乙醇，其杀菌效果最佳。乙醇极易挥发，75%乙醇配好后应立即密封保存，以免影响杀菌效果。

（4）新洁尔灭

新洁尔灭是一种广谱性表面活性剂，可吸附在细菌的表面，从而改变其细胞质和细胞壁的通透性，使菌体内的酶、辅酶和代谢产物泄漏，影响细菌的代谢过程，并使菌体内的蛋白质变性。新洁尔灭具有杀菌力强，无刺激性、腐蚀性及漂白性，对绝大多数植物外植体伤害很小，易溶于水，以及不产生污染等特点。

2. 接种室、培养室环境灭菌方法

（1）熏蒸灭菌

接种室、培养室应定期采用甲醛和高锰酸钾熏蒸灭菌，一般要求每年熏蒸1~2次。每立方米空间用5~8mL甲醛、5g高锰酸钾，先将称好的高锰酸钾倒入一个较大的容器内，再将量取好的甲醛溶液慢慢倒入容器（操作时戴好口罩和手套）。当烟雾产生后，操作人员应迅速离开，并密闭门窗。熏蒸24~48h后，开启门窗，排出甲醛废气。也可用臭氧发生器进行熏蒸灭菌。

（2）紫外线灭菌

接种前，打开缓冲室、接种室和超净工作台内的紫外灯，照射20~30min。关闭紫外灯，20min后再进入室内。

（3）喷雾灭菌

将75%乙醇或2%新洁尔灭倒入喷壶，对接种室、培养室的地面、墙壁及超净工作台进行喷雾灭菌。喷雾要均匀，不留死角。在喷天花板时，注意不要让药液滴入眼睛。

3. 接种室、培养室空气污染情况检验

定期检验接种室、培养室内的空气污染情况，对改进灭菌措施、提高组培苗成活率是非常必要的。在接种操作开始时，可按下述方法打开盛有常规培养基的培养皿盖子或试管棉塞，经不同时间后盖好盖子或塞上棉塞，并进行培养，以检验在不同的使用时间内空气污染的程度。

（1）平板检验法

先准备好固体培养基平板，在接种室、培养室内打开培养皿，分别放置5min、10min等不同时间，然后盖上培养皿，并以不打开的培养皿作为对照。将供试培养皿放入30℃的恒温箱中培养，48h后取出观察是否感染杂菌。若已染菌，需观察菌落形态，并镜检确定杂菌种类。一般要求开盖5min的培养皿中的菌落数不超过3个。

（2）斜面检验法

先准备好固体斜面培养基，在接种室、培养室内将装有斜面培养基的试管拔掉棉塞，经过30min后，再塞好棉塞，以不打开棉塞的斜面培养基作为对照。将供试斜面培养基放入30℃的恒温箱中培养，48h后取出检查，以打开棉塞30min的斜面培养基不出现菌落为合格。

👤 **拓展学习** ··

灭菌的概念及方法

灭菌技术是植物组织培养工作的关键技术。灭菌和消毒在实际中常被混用，其实它们的含义有所不同。灭菌是指杀死灭菌对象上的所有生命体，消毒是抑制物体上有害微生物的活动。前者作用强烈，后者作用缓和。灭菌的方法有物理方法和化学方法。

1. 物理灭菌方法

物理灭菌是利用高温、射线等杀菌或采用滤膜过滤等物理措施除菌而实现无菌的目的，如干热灭菌、高压蒸汽灭菌、灼烧灭菌、过滤灭菌、紫外线灭菌等。

（1）干热灭菌

利用烘箱加热到160~180℃的高温来杀死微生物。灭菌时间与灭菌温度成反比，即温度较高时，灭菌时间较短。由于在干热条件下，细菌营养细胞的抗热性会大大提高，接近芽孢的抗热水平，因此通常采用170℃持续90min来灭菌。玻璃器皿（如锥形瓶、培养皿等）、金属用具（如剪刀、镊子、解剖刀、接种针）等均可采用干热灭菌。采用干热灭菌的物品要预先洗净并干燥，还要妥善包扎，以免灭菌后取用时被重新污染。进行干热灭菌时应注意以下几点。

①应逐渐升温，同时烘箱内放置物品不宜过多，以免妨碍热对流和热穿透。

②达到设定温度后开始记录时间，到规定时间后切断电源，必须等到充分冷却后才能打开烘箱，以防玻璃器皿因骤冷而破裂，同时也防止强烈的冷热对流使冷空气被吸入包扎层内引起污染。

（2）高压蒸汽灭菌

高压蒸汽灭菌也称湿热灭菌，是利用热蒸汽实现灭菌，高压是为了提高温度和缩短灭菌时间而采取的措施。其原理是在密闭的高压锅内，其中的蒸汽不能外溢，压力不断上升，使水的沸点不断提高，从而锅内蒸汽的温度也随之提高。在0.108MPa的压力下，锅内蒸汽的温度达到121℃。在此蒸汽温度下，可以很快杀死各种杂菌及其高度耐热的芽孢（这些芽孢在100℃的沸水中能生存数小时）。高压蒸汽灭菌具有灭菌物品不易失水、灭菌时间短、灭菌效果好等特点，常用于玻璃器皿、培养基、无菌水、布制品及金属用具等的灭菌。影响高压蒸汽灭菌效果的因素有以下几个方面。

①灭菌锅内冷空气排出的程度　冷空气的存在会影响蒸汽的温度和穿透力。进行高压蒸汽灭菌时，应注意完全排除灭菌锅内的冷空气，灭菌才能彻底。

②灭菌物品的包装、数量和放置　灭菌物品的包装不宜太大，也不宜包扎太紧。放入灭菌锅内的物品体积应小于灭菌锅容积的85%。摆放物品时，应留有空隙，以利于蒸汽穿透。实验服、口罩等纺织品应垂直放置，空瓶的瓶口不应向上。

③加热速度　蒸汽穿透需要时间，当加热速度太快时，会出现灭菌锅内的温度已达到所需的温度，但物品温度还没有达到相应温度的现象，导致灭菌效果不理想。因此，应按正常速度加热。

④超高热蒸汽　在一定压力下，若灭菌锅内的蒸汽温度超过饱和状态下应达到温度2℃以上，则为超高热蒸汽。此时灭菌锅内虽然温度高，但若水分不足，蒸汽遇到灭菌物品不能凝结成水，会导致不能释放出潜热，对灭菌不利。为了避免这种现象出现，灭菌锅内的水量应多于产生蒸汽所需的水量，即水量应充足。

（3）灼烧灭菌

用于无菌操作的剪刀、镊子、解剖刀等金属用具除了接种前用高压蒸汽灭菌外，在接种过程中还要经常采用灼烧灭菌。将剪刀、镊子、解剖刀等浸入95%乙醇中，使用前将其与接种材料直接接触的部分置于酒精灯火焰上灼烧，借助乙醇瞬间燃烧产生的高热来达到灭菌的目的。接种操作过程中要反复浸泡、灼烧、冷却、使用，操作完毕应擦拭干净后再放置。

（4）过滤灭菌

过滤灭菌包括空气过滤灭菌和液体过滤灭菌。过滤灭菌的原理是空气或溶液通过滤膜后，杂菌的细胞和孢子因直径大于滤膜孔径而被阻隔，从而使过滤的空气或液体实现无菌状态。

空气过滤灭菌主要用于形成无菌的操作空间，如超净工作台等需要进行过滤灭菌。

液体过滤灭菌主要针对高温、高压条件下性质不稳定的物质，特别是遇热易分解的物质，如 GA_3、ZT、ABA 和某些维生素。需要过滤灭菌的液体量大时，可用减压过滤灭菌装置；液体量小时，可用注射过滤灭菌器（图 4-1-1）。

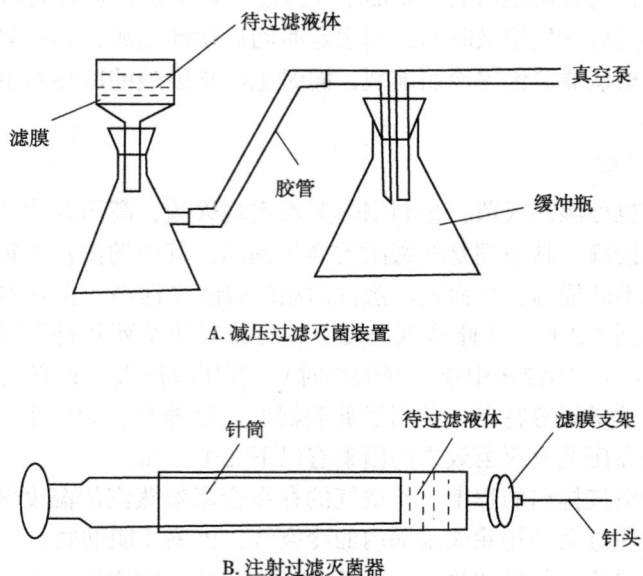

A. 减压过滤灭菌装置

B. 注射过滤灭菌器

图 4-1-1 液体过滤灭菌装置

（5）紫外线灭菌

紫外线用于接种室、缓冲室、超净工作台的灭菌。用紫外线照射，微生物吸收紫外线后蛋白质和核酸发生结构变化，引起染色体变异，从而造成死亡。由于紫外线的穿透力很弱，所以只适于空气和物体表面的灭菌，而且距照射物以不超过 1.2m 为宜。须注意的是，紫外线对人体皮肤和眼睛会造成伤害，工作人员进入室内前要关闭紫外灯。

2. 化学灭菌方法

化学灭菌是将具有杀菌作用的化学药剂配成一定浓度的液体，对空间、物体表面、外植体材料、各种用具等进行灭菌处理。

（1）熏蒸灭菌

采用加热焚烧、氧化等方法使化学药剂变为气体状态扩散到空气中，以杀死空气中和物体表面的微生物。这种方法操作简便，只需要把灭菌的空间密封即可。常用此方法对接种室、培养室进行灭菌。

此外，许多实验室使用臭氧发生器(图4-1-2)定期熏蒸灭菌，灭菌效果好，且操作灵活方便，对人体的伤害也相对较小。

（2）擦拭灭菌

接种用具、超净工作台面及双手等可用75%乙醇或0.2%新洁尔灭溶液进行擦拭灭菌。

（3）喷雾灭菌

接种室、培养室及超净工作台等空间可用75%乙醇或2%新洁尔灭进行喷雾，既可直接杀死环境中的微生物，又可以使漂浮的尘埃降落，防止尘埃上附着的杂菌污染培养基和培养材料。

图4-1-2　臭氧发生器

（4）浸泡灭菌

无菌操作时，把接种工具、接种材料直接浸泡在一定浓度的灭菌剂中，从而达到灭菌的目的。

任务 4-2　外植体选择与预处理

📖 **任务目标** ·····

1. 能根据培养目的选择合适的外植体。
2. 能根据培养材料选择适当的预处理方法。
3. 能熟练完成外植体的表面消毒操作。

📑 **任务描述** ·····

植物组织培养的成败除与培养基、培养条件有关外，一个重要影响因素就是外植体本身。外植体选择是否适宜，以及对其处理方法是否得当，直接关系到植物组织培养的难易程度和培养结果。因此，掌握外植体的选择原则与预处理方法十分重要。本任务主要学习外植体选择与预处理等操作。

🔍 **材料与用具** ·····

植物材料(根、茎、叶或种子等)；2%次氯酸钠、0.1%升汞、75%乙醇、95%乙醇、吐温-80、无菌水、洗衣粉；超净工作台、无菌杯、接种工具、玻璃棒、无菌培养皿、无菌滤纸、毛刷、废液缸等。

任务实施

1. 制订实施方案

学生分组，确定外植体种类、选择原则、修整方法、消毒方案与操作流程，并做好人员分工。

2. 外植体选择与预处理

（1）外植体选择

依据制订好的实施方案选择合适的外植体。要求母体植株具有同种植物的典型特征，且生长健壮、无病虫害；选择的部位符合组织培养目的，健壮且幼嫩。

小贴士

在植物组织培养实践中，采集外植体前，可以结合外植体的种类与特点采取不同的处理方法。

（1）喷药及套袋

对于室外的植株，可以提前选定枝条等取材部位，对取材部位喷施杀虫剂、杀菌剂，然后套上白色塑料袋，并用线绳扎住，待长出新枝条后再采样。

（2）材料预培养

挖取小植株，剪除一些不必要的枝条后进行盆栽，在室内或置于人工气候箱内培养。也可将一些植株的枝条浸入水中或低浓度的糖液中培养，选取新抽出的芽或嫩枝作为外植体，污染率可下降到20%~30%。此外，为了加快外植体的诱导与分化，对于一些材料（如花药）需要进行高（低）温处理、药剂处理或辐射处理等。

（2）外植体修整

将外植体根据其性状及操作要求进行修整（果实、种子、花蕾、花药等外表面干净者一般不需要修整）。

①用软毛刷刷去外植体材料表面的泥土、虫卵等杂物。

②去除衰老、死亡、萎蔫、病虫害侵染部位，以及卷须、种皮等多余的部分及附着物。蜡质、茸毛等可用刀片轻轻刮去。

③将过大、过长的外植体材料切割成能够装入洗涤容器且可翻动的大小，尽量减少伤口、保留生长部位。

（3）流水冲洗

将修整好的外植体用自来水冲洗掉外表可见的泥土等，不易冲洗的可用软毛刷刷洗，然后将其置于洗涤容器中，用洁净纱布包扎洗涤容器口，置于流水下冲洗15~30min，或用洗衣粉液等浸泡清洗后再用清水漂洗数次。

（4）外植体消毒

用选定的消毒剂将清洗好的外植体进行浸泡灭菌，再用无菌水冲洗3~5次后备用。

3. 清理现场

安排值日生清理现场。要求设备、用具归位，现场整洁，记录填写完整。

📊 **考核评价** ···

参照表 4-2-1 进行考核评价。

表 4-2-1 评价表

评价项目	评价标准	分值
外植体选择	幼嫩程度、取材部位、取材大小、取材时期适宜	20
外植体整理	外植体整理到位，修整程度适宜	20
外植体消毒	消毒方案合理，消毒液浓度准确，消毒过程操作规范	20
文明、安全操作	操作文明、安全，器皿和用具摆放有序，场地整洁	20
团队协作	小组成员分工合理、相互协作、积极思考、认真讨论	20
合　计		100

🚏 **知识链接** ···

1. 外植体选择

从理论上讲，植物细胞具有全能性，在适宜的培养条件下，任何器官、组织、单个细胞和原生质体都可以作为外植体，都能够再生为完整植株。但实际上，不同的植物种类、同一植物不同器官、同一器官不同生理状态下，对外界诱导的反应及分化再生的能力有巨大差异，培养的难易程度有所不同。

（1）外植体选择原则

可以从以下几个方面来选择合适的外植体。

①选择优良的种质及母株　植物组织培养的目的主要是在短时间内获得性状一致、保持原品种特性的大量种苗，因此外植体一定要从具有该品种典型特征、遗传性状稳定、生长健壮、无病虫害的优良植株上获取。

②选择适当的取材时期　选择外植体时，要注意植物的生长季节和生长发育阶段。对于大多数植物而言，应在其开始生长时或生长旺季采样，此时微生物侵染比较少，同时内源激素含量高，不仅容易分化，成活率高，而且生长速度快，繁殖率高。若在生长末期或休眠期取材，则外植体可能对诱导条件反应迟钝或无反应。花药培养应在花粉发育到单核靠边期取材，这时比较容易形成愈伤组织。在晴天取材时，下午采集的外植体比早晨采集的污染少，因为日晒可杀死部分真菌和细菌。应避免阴雨天在户外采集外植体。

③选择大小适宜的外植体　外植体的大小根据植物种类、器官类型和培养目的来确定。通常情况下，如果是快速繁殖，叶片、花瓣等面积宜为 $25mm^2$ 左右，茎段带 1~2 个节、长 0.5~1.0cm。如果是胚胎培养或脱毒培养，则外植体应更小，如茎尖分生组织应带 1~2 个叶原基，大小为 0.2~0.5mm。外植体过大，不易彻底消毒，污染率高；

外植体过小，培养后多形成愈伤组织，甚至难以成活。

④选择生理状态良好的外植体　同一植物同一器官的不同部位具有不同的生理年龄。沿植物的主轴，越向上的部分其生理年龄越老，越接近发育上的成熟，即越易形成花；反之，越向下的部分其生理年龄越小，越易形成芽。一般情况下，幼嫩、年限短的组织具有较高的形态发生能力，进行组织培养容易获得成功。在木本植物组织培养中，以幼龄树的春梢、嫩芽、嫩枝段或基部的萌条作外植体，分生能力强，形态建成快。

⑤选择来源丰富的外植体　为了建立一个高效而稳定的植物组织培养体系，往往需要进行反复实验，并要求实验结果具有可重复性。因此，就需要外植体材料丰富并容易获得。

⑥选择易于消毒的外植体　在选择外植体时，应尽量选择带杂菌少的器官或组织，以降低初代培养时的污染率。一般地上组织比地下组织消毒容易，幼嫩组织比老龄和受伤组织消毒容易。

（2）外植体的种类

①茎尖　其培养不仅生长速度快，繁殖率高，不容易发生变异，而且是获得脱毒苗木的有效途径。茎尖是植物组织培养中最常用的外植体，但对于一些珍贵植物来说，取材比较有限。

②茎段和节间　茎段是带有腋芽或叶柄、长几厘米的节段。茎段所带的腋芽容易萌发，其形态已基本建成，生长速度快，遗传性状稳定，容易建立无性繁殖系。大多数植物新梢的节间也是较好的外植体材料，因为新梢的节间不仅容易消毒，而且脱分化和再分化能力较强。

③叶和叶柄　取材容易，且新长出的叶片杂菌较少，实验操作方便，是植物组织培养中常用的外植体。一些草本植物由于植株矮小或缺乏显著的茎，可用叶片、叶柄等作为外植体，如非洲菊、虎尾兰、秋海棠类等。

④鳞片　水仙、百合、葱、蒜、风信子等鳞茎类植物常以鳞片作为外植体。百合鳞茎不同部位之间的再生能力差别很大，外层鳞片比内层鳞片再生能力强，下段比中、上段再生能力强。

⑤其他　种子、根、块茎、块根、花粉等也可以作为植物组织培养的材料。

2. 外植体预处理

从室外采集的外植体往往因带有泥土、杂菌等不宜直接接种，需要进行必要的处理。

（1）外植体修整

外植体采集回来后要进行必要的修整，以方便后续的表面消毒。不同的外植体修整方法不同。如外植体是茎尖、茎段，需将采集的材料剪去其上的叶片、叶柄及刺、卷须等不需要的部分；如外植体是果实、种子、胚，则需要去除坚硬的果皮和种皮。

（2）外植体流水冲洗

流水冲洗时间要根据取材环境和外植体本身的特点来综合确定。一般冲洗时间在30min以上，其中木本植物、容易褐变的或取自地下的外植体需流水冲洗2h以上，以彻底冲洗掉表面附带的泥土、虫卵等。

（3）外植体消毒

植物组织培养所用的外植体大部分取自田间，表面带有大量的微生物，这些微生物一旦接触培养基，会大量繁殖，夺取营养并侵染植物材料，导致培养失败。因此，外植体接种前必须进行表面消毒。由于植物种类、母体植株生长环境、取材部位、取材季节不同，外植体带菌程度不同。此外，不同外植体对不同种类、不同浓度消毒剂的敏感程度不同。因此，消毒剂种类、浓度大小及消毒时间一定要适宜，这样才能达到预期的消毒效果。

①常用消毒剂　进行外植体表面消毒，既要杀死表面全部的微生物，又不能损伤植物材料。为此，所选择的消毒剂不且要有良好的消毒效果，而且要容易被无菌水冲洗掉或能自行分解，不会影响外植体细胞的生长和分化。目前使用的消毒剂种类较多，不同消毒剂的消毒效果有所差异，实践中可根据具体情况从表 4-2-2 中选用 1~2 种消毒剂。

表 4-2-2　常用消毒剂的使用浓度及消毒效果比较

消毒剂	使用浓度	消毒时间（min）	去除难度	消毒效果	对植物材料毒害作用
乙醇	70%~75%	0.5~2	易	好	有毒
漂白粉	饱和溶液	5~30	易	很好	低毒
次氯酸钠	2%~10%	5~30	易	很好	无毒
升汞	0.1%~0.2%	2~10	较难	最好	剧毒
过氧化氢	10%~12%	5~15	最易	好	无毒
硝酸银	1%	5~30	较难	好	低毒
抗生素	4~50mg/L	30~60	中	较好	低毒

②消毒方法

茎尖、茎段及叶片的消毒　对植物组织进行修整并用自来水冲洗后，先用 75% 乙醇浸泡 10~30s，然后用无菌水冲洗 3 次，再根据植物材料的老嫩和坚实程度分别用 2% 次氯酸钠浸泡 10~15min 或用 0.1% 升汞浸泡 5~10min。浸泡时要不断搅拌，使植物材料与消毒剂充分接触。若植物材料有茸毛，最好在消毒剂中加入几滴吐温-20。最后用无菌水冲洗 3~5 次。

果实及种子的消毒　先用自来水冲洗 10~20min，再用 75% 乙醇迅速漂洗一下。果实用 2% 次氯酸钠浸泡 10min，然后用无菌水冲洗 3 次，就可取出种子或组织进行培养。种子则先用 10% 次氯酸钠浸泡 20~30min，难以消毒的可用 0.1% 升汞浸泡 5~10min。对于种皮太硬的种子，也可先去掉种皮，再用 4% 次氯酸钠浸泡 8~10min。

花药的消毒　用于组织培养的花药多未成熟，其外面有花萼、花瓣或颖片保护，通常处于无菌状态。消毒时先将整个花蕾或幼穗用 75% 乙醇浸泡数秒，然后用无菌水冲洗 3 次，再在漂白粉上清液中浸泡 10min，或用 2% 次氯酸钠浸泡 10min，最后用无菌水冲洗 3 次。

地下器官的消毒 这类材料生长于土壤中，表面带菌量大，消毒较为困难。用自来水冲洗、软毛刷刷洗后，先用刀切去损伤及污染严重的部位，然后用 75% 乙醇漂洗，再置于 0.1% 升汞中浸泡 5~10min 或置于 2% 次氯酸钠中浸泡 10~15min，最后用无菌水冲洗 3~5 次。

③消毒注意事项 多数消毒剂对植物组织是有害的，消毒剂的浓度和处理时间应适宜，以减少植物组织的死亡。

用消毒剂进行表面消毒后，必须用无菌水漂洗植物材料 3 次以上，以除去残留的消毒剂。

在将外植体转移到无菌培养基前，需将与消毒剂接触过的切面切除，因为消毒剂会阻碍植物细胞对培养基中营养物质的吸收。

若外植体污染严重，应先用流水漂洗 1h 以上，或先用种子培养得到无菌种苗，然后用其相应部分进行组织培养。

升汞消毒效果最好，但对人的危害最大，使用后要用无菌水冲洗植物材料至少 5 次，而且要对升汞进行回收。

拓展学习 ···

消毒剂消毒原理及使用注意事项

1. 乙醇

乙醇是常用的表面消毒剂，具有很强的穿透力，能在短时间内使微生物蛋白质脱水变性。同时，它还具有较强的湿润作用，能有效排除植物材料表面的空气，使消毒剂与植物材料充分接触，实现较好的消毒效果。70%~75% 乙醇消毒效果最好，而 95% 或无水乙醇会使微生物表面蛋白质快速脱水凝固，形成一层干燥膜，阻止了乙醇的继续渗入，杀菌效果大大降低。乙醇对植物材料的杀伤作用也很大，使用时应严格控制时间。若浸泡时间过长，植物材料的生长将会受到影响，甚至植物细胞会被乙醇杀死。此外，乙醇不能彻底消毒，一般不能单独使用，多与其他消毒剂配合使用。

2. 升汞（$HgCl_2$）

升汞是一种重金属盐类，Hg^{2+} 可以与微生物体内带负电荷的蛋白质结合，使蛋白质变性，从而杀死菌体。升汞的消毒效果极佳，但易在植物材料上残留，使用后需用无菌水反复多次冲洗植物材料。升汞属剧毒药品，对环境危害大，对人、畜的毒性极强，使用时应做好防护，使用后应做好回收工作。

3. 次氯酸钠

次氯酸钠是一种强氧化剂，它分解后可以释放出活性氯离子，从而杀死微生物。其消毒能力很强，且不易残留，对环境无害。但次氯酸钠溶液碱性很强，对植物材料会产生一定的损伤。

4. 漂白粉

漂白粉的有效成分是次氯酸钙，消毒效果很好，且对环境无害。但容易吸潮散失有效氯从而失效，因此应密封储存以防潮解，并随配随用。

5. 过氧化氢

过氧化氢也称双氧水，消毒效果好，易清除，且不会损伤外植体，常用于叶片的表面消毒。

6. 新洁尔灭

新洁尔灭是一种广谱表面活性消毒剂，对绝大多数外植体伤害很小，杀菌效果好。

任务 4-3　无菌接种

📖 **任务目标**

1. 熟悉无菌接种前的准备工作。
2. 掌握外植体的无菌接种技术。

📑 **任务描述**

无菌接种是组培苗生产最重要的技术环节，包括材料切割、材料接种、培养瓶封口等一系列环节。提高接种质量，是提高组培工作效率，保证组培正常有序进行的客观要求。因此，应通过强化训练和反复实践，提高接种水平。本任务是学习外植体的无菌接种操作。

🔍 **材料与用具**

经表面消毒的外植体材料；75%乙醇、无菌水、无菌培养基；超净工作台、酒精棉球、火柴、剪刀、镊子、解剖刀、接种工具搁置架、接种盘、无菌滤纸、器械灭菌器、酒精灯；工作服、口罩、拖鞋、记号笔等。

📋 **任务实施**

1. 制订接种方案

学生分组，各小组根据给定任务制订接种方案，确定所需试剂及设备、用具数量，做好人员分工。

2. 接种前准备

(1) 用品准备

将接种工具搁置架、酒精棉球、酒精灯以及灭菌后的培养基、剪刀、镊子、解剖刀、无菌培养皿、无菌滤纸等分别放入超净工作台中。

(2) 环境灭菌

用75%乙醇对接种室空间喷雾降尘后，打开超净工作台的紫外灯，照射20min后关闭紫外灯，打开照明灯和风机，30min后接种。

(3) 接种人员保洁

接种人员用肥皂水洗净双手，在缓冲间穿好灭菌的工作服、拖鞋，戴上帽子、口罩后进入接种室。

3. 无菌接种

（1）双手消毒

用75%乙醇擦拭双手及手腕，重点擦拭手指关节及指甲缝。

（2）操作台消毒

按照从里向外、从左向右的顺序擦拭超净工作台的台面。

（3）接种工具灭菌

将蘸有95%乙醇的接种工具在酒精灯火焰上充分灼烧，或将接种工具置于器械灭菌器中充分灭菌，然后放在接种工具搁置架上冷却备用。

（4）接种

把经过表面消毒的外植体用无菌滤纸吸干水分，切割成适当大小后迅速接种到培养瓶中的培养基上。接种完成后，立即在酒精灯火焰上灼烧培养瓶瓶口数秒，然后迅速盖好瓶盖，并做好标记，注明植物材料名称、接种日期等。

4. 清理现场

安排值日生清理现场。要求设备、用具归位，现场整洁，记录填写完整。

考核评价

参照表4-3-1进行考核评价。

表4-3-1　评价表

评价项目	评价标准	分值
接种前准备	环境灭菌彻底；接种人员个人卫生合格；材料准备充分，物品摆放合理	10
操作台灭菌	按要求对超净工作台台面进行灭菌	10
接种工具灭菌	接种工具经高温灼烧或烘烤灭菌后放到合适位置冷却	10
接种操作	接种程序正确，操作手法符合无菌操作要求，动作协调性好	20
接种质量	外植体规格一致，分布均匀，深浅适宜，无倒插或深陷现象	20
培养瓶标记	培养瓶上标记信息全面，书写字迹工整、清晰	10
文明、安全操作	操作文明、安全，器皿和用具摆放有序，场地整洁	10
团队协作	小组成员分工合理、相互协作、积极思考、认真讨论	10
合　　计		100

知识链接

1. 无菌接种操作步骤

（1）材料的切割分离

将经表面消毒的外植体材料放在无菌滤纸或灭菌的接种盘中，左手拿镊子，右手拿剪刀或解剖刀，对材料进行适当的切割。叶片、花瓣通常切成 0.5cm×0.5cm 的小块；茎段切成 1cm 左右的节段；茎尖需要在双筒实体显微镜下剥成长 0.2~0.5mm、带 1~2 个叶原基。

切割刀具要锋利，切割动作要稳且快，防止挤压，以免材料受损而导致培养失败。在切割过程中，剪刀、镊子等工具在每次使用之前应置于酒精灯火焰上灼烧灭菌，待冷却后再使用，以防烫伤外植体。通常两套工具交替使用，可提高工作效率，并防止交叉污染。

（2）外植体接种

接种时，先轻轻取下培养瓶的封口膜（或瓶盖）置于工作台一角，左手握培养瓶，将瓶口在酒精灯火焰处旋转灼烧，然后将瓶口靠近酒精灯火焰，保持培养瓶倾斜，以防空气中的微生物落入瓶中而造成污染。右手用冷却的镊子小心夹取一个外植体材料，立即放入培养瓶内的培养基中。

如果接种材料为茎段、茎尖、胚及种子，应当使材料的生物学上端向上放置；如果接种材料是叶片，应当叶背贴着培养基。一般来说，初代培养时一个培养瓶只放 1 个外植体材料，以降低外植体材料间的交叉污染。接种后，立即在酒精灯火焰上灼烧培养瓶瓶口数秒，然后迅速包扎好封口膜（或盖好瓶盖）。

（3）标记摆架

接种完毕，应做好标记，注明外植体名称、接种日期等，并及时将接种后的培养瓶放到培养室的培养架上进行培养。

2. 无菌接种注意事项

无菌接种是一项烦琐、细致的工作，要求每个环节都必须严格按照操作流程进行操作，操作过程规范、准确，否则会导致整个生产失败。

①操作人员进入接种室前应关闭紫外灯，以防紫外线伤害皮肤和眼睛；待风机将超净工作台内的臭氧吹出后，方可开始工作。

②接种人员要常剪指甲，工作服、帽子、口罩等物品要保持干净，定期灭菌；操作前先用肥皂把手洗干净，然后用 75% 乙醇擦拭双手。

③接种用品要准备齐全，合理摆放。超净工作台内不能堆放太多物品，且用完的工具或物品要及时拿到超净工作台外，以免阻挡超净工作台内吹出的气流。

④接种时，打开封口膜（或瓶盖）的动作要尽量轻缓，防止大幅度动作改变无菌气流的方向，造成超净工作台内空气污染。

⑤接种过程中，外植体材料修剪、开瓶、接种、封口等操作都要在酒精灯火焰旁的无菌区进行；开瓶前和盖瓶前，瓶口都要在酒精灯火焰上充分灼烧；将培养瓶倾斜一定角度，可有效减少杂菌落入。

⑥接种工具不能接触所有带菌物体，包括培养瓶外壁、超净工作台台面等，如果接触，必须经灭菌后才能使用；要更换工具，一般连续接 6~8 瓶换一套无菌工具或进行灼烧灭菌；操作期间经常用 75% 乙醇擦拭双手和超净工作台台面，以避免交叉污染。

⑦接种人员的头不能伸入超净工作台，手不能从培养基、培养材料、接种工具上方经过，以防落入杂菌、灰尘。

⑧操作人员的呼吸也会带来污染，因此操作过程中应尽量避免说话，并戴上口罩。

⑨操作过程中，操作人员不能随意走动。

⑩接种结束后，及时灭掉酒精灯，关闭超净工作台，清理台面。

👤 **拓展学习** ··

外植体培养

外植体培养是指把接种后的外植体材料放在培养室进行培养的过程。

1. 培养方式

（1）固体培养

固体培养是用琼脂固化的培养基来培养植物材料的方法。这是目前最常用的方法。该方法设备简单，操作易行，但养分分布不均，外植体生长速度不均衡，并常有褐变现象发生。

（2）液体培养

液体培养是用不加固化剂的液体培养基培养植物材料的方法。如细胞悬浮培养、原生质体培养等。液体培养需要通过搅动或振动培养液的方式确保氧气的供给，并能使培养基养分分布均一。常采用往复式摇床或旋转式摇床进行培养。

2. 培养条件

接种后的外植体应转移到培养室进行培养，培养条件要根据不同植物对环境条件的需求进行调控。

（1）光照

光是植物进行光合作用必不可少的条件之一，对外植体的生长发育具有重要的影响。光照对植物组织培养的影响主要涉及光照强度、光照时间和光质 3 个方面。

①光照强度　对细胞的增殖和器官的分化有重要影响，尤其对外植体细胞的最初分化有明显的影响。对于愈伤组织的诱导来说，暗培养比光培养更合适，所以在前期可以适当地对光照进行控制，以促进细胞分化。在初代培养和继代培养阶段，1000～2500lx 的光照即可满足需求。而在生根壮苗阶段，光照强度宜提高到 3000～5000lx 甚至 10 000lx。随着组培苗的生长，光照强度需要不断地加强，才能使小苗生长健壮，并促进其从异养向自养转化，以提高移栽后的成活率。一般来说，光照强度强，幼苗生长健壮；光照强度弱，则幼苗容易徒长。

②光照时间　每天 14～16h 光照、8～10h 黑暗，即可满足大多数植物生长发育的需要。研究表明，对短日照敏感的植物品种在进行组织培养时，在短日照下易分化，而在长日照下产生愈伤组织。例如，在进行葡萄茎段培养时，对日照敏感的品种只有在短日照条件下才能形成根，而对日照不敏感的品种在任何条件下培养均可以形成根。生产中，在不影响外植体材料正常生长的情况下，应尽量缩短光照时间，以减少能源消耗，降低生产成本。

③光质　对细胞分裂和器官分化都有很大的影响。一般红光可引起细胞干物质的增加并有利于根的形成；蓝光可引起细胞中的质体转化为叶绿体，对促进腋芽、不定芽生长有明显的作用。如唐菖蒲子球切块接种后，在蓝光下培养 15d 首先出现芽，形成的幼

苗生长旺盛，根系粗壮，而在白光下培养则幼苗纤细；百合珠芽在红光下培养，8周后分化出愈伤组织，但在蓝光下培养时十几周后才出现愈伤组织。关于光质对植物组织分化的影响，目前尚无一定规律可循，这可能是不同植物对光信号反应不同所致。但如果能把光质的作用有意识地运用到种苗的规模化生产中，可达到节省能源、提高产量的目的。

（2）温度

温度是植物组织培养中的重要因素，不仅影响外植体的分化、增殖以及器官的形态建成，还影响组培苗的生长和发育进程。在植物组织培养中，不同植物的最适生长温度不同。多数植物适宜生长温度为24~25℃。温度低于15℃时，外植体通常生长缓慢或生长停滞；温度高于35℃时，也会抑制外植体正常生长和发育。一个培养室内往往培养着多种植物，为了适合大多数植物生长，培养室的温度一般设定为25℃±2℃。在条件允许的情况下，可设立多个小培养室，根据不同植物对环境温度的要求来设定培养室温度。同时，也可根据培养室内上、下层架的温差来调节，一般培养室内最上层与最下层的温差为2~3℃。

（3）湿度

在植物组织培养中，湿度的影响主要涉及培养容器内湿度和培养室环境湿度两个方面。

①培养容器内湿度　主要受培养基水分含量、培养基琼脂含量和封口材料的透气性等因素影响。冬季应适当减少琼脂用量，否则会使培养基干硬，不利于外植体接触或扎进培养基，导致生长发育受阻。培养容器封口材料的选择应十分注意，透气性不宜过高，要至少保证一个月内培养容器里有充足水分来满足外植体的生长需要。如果培养容器内水分散失过多，培养基的渗透压会升高，阻碍外植体的生长和分化。若封口材料过于密闭，影响气体交流，导致有害气体难以散去，也会影响外植体的生长和分化。

②培养室环境湿度　环境湿度变化随季节和大气而有很大变动。培养室环境湿度过高或过低对植物材料的生长都不利，湿度过低会造成培养基失水而干枯，影响外植体的生长和分化；湿度过高会造成杂菌滋生，导致大量污染。培养室环境湿度以保持在70%~80%为宜，湿度过高时可用除湿机除湿，湿度过低时可用加湿器增湿。

（4）气体

在植物组织培养中，植物材料的呼吸需要氧气。在进行液体培养时，需进行振荡培养或旋转培养以解决氧气供应的问题。在进行固体培养时，接种过程中注意不要把外植体全部埋入培养基中，以避免氧气不足。另外，切割外植体后产生的乙烯和外植体呼吸作用产生的高浓度 CO_2 也会阻碍外植体的生长和分化，甚至对外植体产生毒害作用。因此，培养室要定期进行通风换气，且每次通风后要进行环境消毒以防止污染。

（5）培养基的pH

不同的植物材料对培养基pH的要求是不同的。一般培养基的pH为5.6~6.0，培养基pH为5.8时基本能满足大多数植物培养的需要。如果pH不适宜，会直接影响外植体对营养物质的吸收，进而影响外植体的脱分化、增殖和器官形成。

复习思考题 ···

1. 常用的消毒剂有哪些？各有何特点？
2. 如何对外植体材料进行表面消毒？
3. 对外植体进行表面消毒时应注意哪些问题？
4. 进行无菌操作前需要做哪些准备工作？
5. 进行外植体接种时应注意哪些操作细节？

植物组培快繁

　　植物组培快繁又称植物微繁或植物离体繁殖，是指利用植物组织培养技术对外植体进行离体培养，使其在较短时间内获得大量遗传性一致的再生植株的方法。植物组培快繁是植物组织培养技术在农业生产中应用最广泛、产生经济效益最大的领域。

　　植物组织培养技术自20世纪60年代开始用于兰花的生产，随后得到了迅速发展。利用该项技术，可以用较短的时间，在有限的空间里，由一个个体开始，通过反复继代培养，产生大量的组培苗，使植物的育种工作实现"工厂化"。目前，已有上千种植物通过这种方式进行繁殖，其中已有数十种进行商品化大规模生产，产生了巨大的经济效益。

》知识目标

1. 掌握植物组培快繁不同增殖类型。
2. 掌握植物组培快繁工作流程。
3. 掌握组培苗驯化和移栽方法。
4. 掌握组培苗常见问题的解决方法。

》技能目标

1. 能对根、茎尖、茎段、叶进行离体培养。
2. 能利用中间繁殖体进行继代增殖培养。
3. 能按照生产需要进行组培苗的生根培养。
4. 能熟练进行组培苗的驯化和移栽操作。

任务 5-1 初代培养

任务目标

1. 掌握根、茎、叶的离体培养方法。
2. 掌握初代培养过程中外植体的成苗途径。

任务描述

初代培养是指将经过表面消毒的外植体置于适宜的培养条件下培养，获得无菌材料和无性繁殖系的过程。由于初代培养的成败直接关系到后续培养是否成功，所以初代培养在植物组培快繁的整个过程中尤为重要。本任务是学习植物组培快繁过程中初代培养的相关操作。

材料与用具

外植体材料（菊花、月季等）；培养基母液、生长调节剂母液、蔗糖、琼脂、蒸馏水、75%乙醇、2%次氯酸钠溶液、0.1%升汞溶液；量筒、移液管、培养瓶；电磁炉、高压蒸汽灭菌锅、超净工作台、酒精灯、接种工具、接种盘、器械灭菌器；标签或记号笔等。

任务实施

1. 制订方案

学生分组，在教师指导下制订菊花、月季的初代培养实施方案，做好人员分工。

2. 配制培养基

按照菊花、月季初代培养基配方配制培养基，并及时灭菌备用。

3. 外植体选择

从品种优良、生长健壮、无病虫的植株上选择当年生枝条，剪去叶片，留下叶柄，在流水下冲洗 10~30min。

4. 外植体消毒

将外植体材料剪成带 1~2 个芽的小段放入烧杯中，先用 75%乙醇消毒 20~30s，然后取出用无菌水冲洗 1 次，再用 2%次氯酸钠溶液消毒 15~20min 或用 0.1%升汞溶液消毒 8~10min，最后用无菌水漂洗 3~5 次。

5. 外植体接种

将消毒后的外植体材料取出，去除两端被消毒剂杀伤的部分后，剪成长 1cm 的茎段，用镊子接种到初代培养基上进行培养。

6. 清理现场

安排值日生清理现场。要求设备、用具归位，现场整洁，记录填写完整。

考核评价

参照表 5-1-1 进行考核评价。

表 5-1-1 评价表

评价项目	评价标准	分值
准备工作	物品准备齐全	10
培养基配制及灭菌	培养基标注准确、清晰；灭菌温度、时间设置正确，操作规范	20
外植体选择	外植体老幼程度、部位、大小及采集时期适宜	10
外植体消毒	消毒操作规范、准确及熟练	20
外植体接种	外植体切割符合要求，接种操作规范、熟练	20
现场清理	工作台面整洁，物品按要求整理归位	10
团队协作	小组成员分工合理、相互协作、积极思考、认真讨论	10
合　　计		100

知识链接

1. 无菌培养体系建立

（1）外植体选择

用来进行繁殖的植物材料，要选择品质好、产量高、抗病毒的品种，其母株应选择性状稳定、生长健壮、无病虫害的成年植株。木本植物、较大的草本植物通常采用带芽茎段、顶芽或腋芽作为外植体，可在一定的条件下萌发出侧芽或产生不定芽成为进一步繁殖的材料；易繁殖、矮小或具有短缩茎的草本植物则多采用叶片、叶柄、花瓣等作为外植体，在一定条件下诱导使其产生不定芽。通常情况下，应首先采用在自然条件下能产生不定芽的器官。

（2）外植体预处理与接种

对外植体材料进行修整，去掉不需要的部分，将留下的部分在流水下冲洗干净。经过流水冲洗的植物材料其表面仍有很多细菌和真菌，还需进一步灭菌才能接种到培养基上。

（3）培养基

初代培养常用诱导培养基或分化培养基，培养基中细胞分裂素与生长素的配比和浓度极为重要。如刺激腋芽或顶芽生长时，细胞分裂素的适宜浓度一般为 0.5~1.0mg/L，生长素的浓度水平较低，一般为 0.01~0.1mg/L；诱导不定芽形成时，需较高水平的细胞分裂素；诱导愈伤组织形成时，在提高生长素浓度的同时，可适当补充一定浓度的细胞分裂素。

（4）培养条件

由于外植体来源复杂，又携带较多杂菌，所以初代培养一般比较困难。应尽量用小容器进行培养，而且每个容器最好只接种 1~2 个外植体，相互间保持一定距离，以保证充足的营养面积和光照条件，更重要的是避免相互污染。多数外植体的初代培养要求温度 25~28℃，光照 8~12h/d。

初代培养通常需要 4~6 周，所获得的培养物将过渡到继代培养。有些外植体在初代培养阶段可能需要较长时间，这时必须将外植体转移到新的培养基上继续培养。

2. 外植体成苗途径

初代培养建立的无性繁殖系包括茎梢、芽丛、胚状体和原球茎等。根据初代培养过程中外植体的发育方向，外植体成苗途径可分为无菌短枝型、丛生芽增殖型、器官发生型、胚状体发生型、原球茎发生型 5 种类型（图 5-1-1），形成的植株称为再生植株。

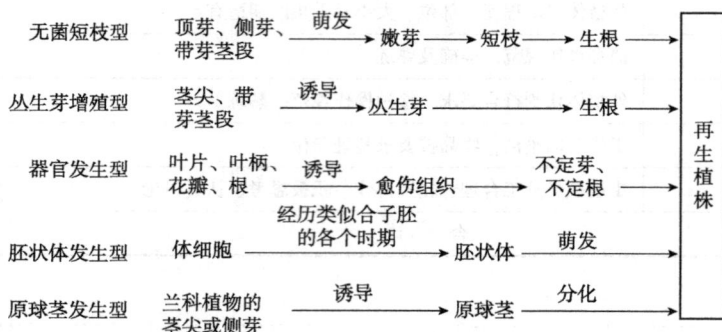

图 5-1-1　外植体成苗途径

（1）无菌短枝型

顶芽、侧芽或带芽茎段在适宜的培养基上进行伸长生长，逐渐形成一个微型的多枝多芽的无菌短枝。将无菌短枝反复切段进行增殖培养，从而迅速获得大量的组培苗（图 5-1-2）。这种繁殖方式又称微型扦插或无菌短枝扦插，主要适用于顶端优势明显或枝条生长迅速，或对组培苗质量要求较高的一些木本植物和少数草本植物的繁殖，如菊花、香石竹、月季、葡萄、枣树、猕猴桃、大丽花等。该方式不经过愈伤组织诱导阶段，培养过程简单，遗传性状稳定，成苗快，适用范围大，移栽容易成活。实践中应注意外植体的取材部位，一般选取上部 3~4 节的茎段或顶芽为外植体。

（2）丛生芽增殖型

茎尖、带芽茎段接种到适宜的培养基上，可诱导芽不断萌发、生长，形成丛生芽。将丛生芽分割成单芽，增殖培养形成新的丛生芽，如此可实现快速、大量繁殖的目的。最后将单芽转入生根培养基中，培养成再生植株（图 5-1-3）。这种方式经芽繁殖芽，遗传性状稳定，繁殖速度快。

（3）器官发生型

器官发生型也称愈伤组织再生途径，即将叶片、叶柄、花瓣、根等外植体在适宜培养基和培养条件下，经脱分化产生愈伤组织，然后经再分化产生不定芽，或外植体不形成愈伤组织而直接从表面形成不定芽（图 5-1-4）。

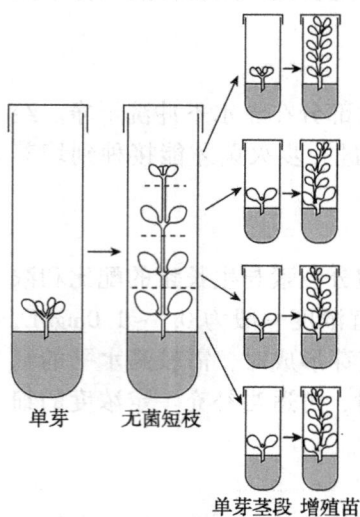

图 5-1-2　无菌短枝型繁殖

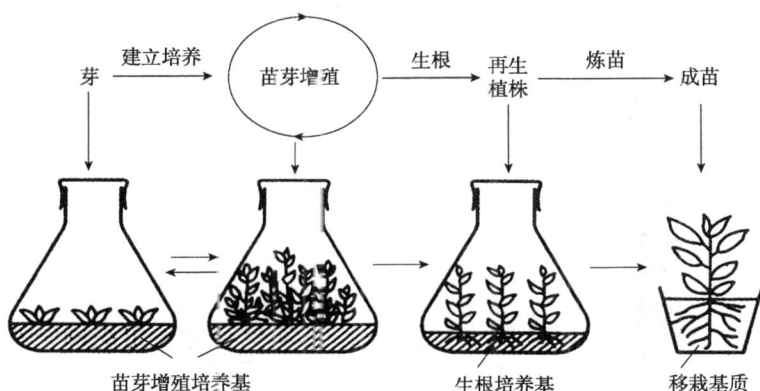

图 5-1-3　丛生芽增殖型繁殖

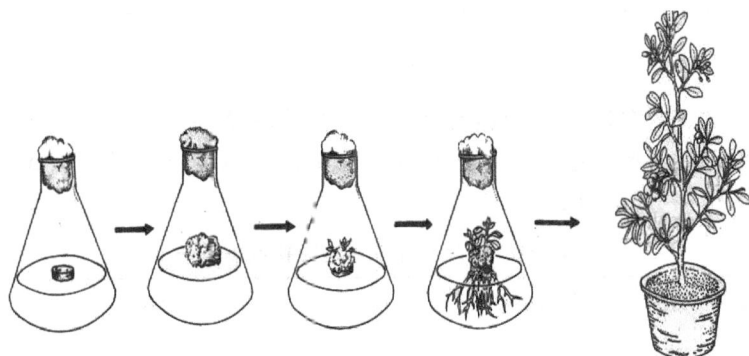

图 5-1-4　器官发生型繁殖

由于不定芽发生的数量大、速度快，因此器官发生型繁殖的繁殖系数高于无菌短枝型繁殖和丛生芽增殖型繁殖，但以这种方式繁殖的后代遗传性状不稳定，而且愈伤组织经多次继代后其器官发生能力逐渐减弱甚至完全丧失。因此，在进行植物组培快繁时，应当尽量避免形成愈伤组织，而采用诱导外植体直接产生不定芽的方式。

（4）胚状体发生型

叶片、子房、花药、未成熟胚等体细胞经诱导可产生胚状体。胚状体类似于合子胚但又有所不同，它也经过球形胚、心形胚、鱼雷形胚和子叶形胚的胚胎发育过程，最终发育成小苗（图 5-1-5）。胚状体可以从愈伤组织表面或悬浮培养的细胞中产生，也可以从外植体表面已分化的细胞中产生。

该方式的优点是增殖率高，而且胚状体是双极性的，结构完整，一旦形成，一般可直接萌发形成小植株，因此成苗率高。如果用人工合成的营养物和保护物将发育到一定程度的胚状体包裹起来，可制成人工种子直接用于播种。但由于目前胚状体的发生机理尚不清楚，多数植物还不能诱导形成胚状体，有的还存在一定变异，因此在应用上还有很大的局限性，只有柑橘、油棕、咖啡等少数植物采用这一繁殖方式。

（5）原球茎发生型

原球茎是兰科植物种子发芽过程中的一种形态学构造。种子萌发初期并不出现胚根，只是胚逐渐增大，之后种皮一端破裂，增大的胚呈小圆锥状，称为原球茎。原球茎

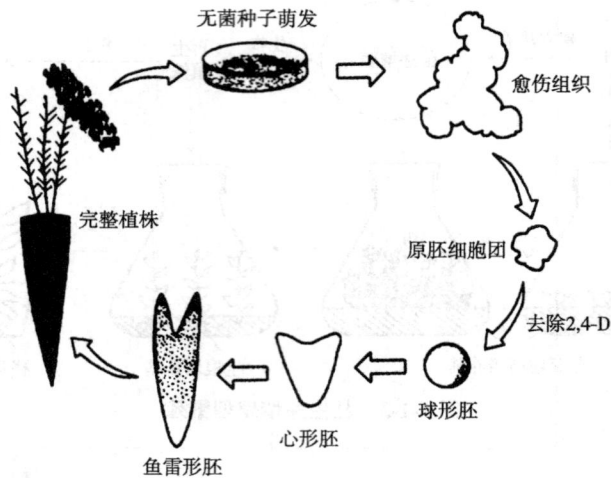

无菌种子萌发

愈伤组织

原胚细胞团

去除2,4-D

球形胚

心形胚

鱼雷形胚

完整植株

图 5-1-5　胚状体发生型繁殖

可以理解为缩短的、呈珠粒状的嫩茎器官。兰科植物的茎尖或侧芽进行培养可直接诱导产生原球茎，原球茎不断增殖，逐渐分化成为小植株，也可以通过切割或针刺损伤原球茎的方法进行增殖培养。不同外植体成苗途径有不同特点，见表 5-1-2 所列。

表 5-1-2　外植体成苗途径特点比较

外植体成苗途径	外植体来源	特　　点
无菌短枝型	顶芽、侧芽、带芽茎段	一次成苗，培养过程简单，适用范围广，移栽容易成活，再生后代遗传性状稳定，但初期繁殖较慢
丛生芽增殖型	茎尖、带芽茎段	与无菌短枝型相似，繁殖速度较快，成苗量大，再生后代遗传性状稳定
器官发生型	除芽外的离体组织	多数经历"外植体→愈伤组织→不定芽→生根→完整植株"的过程，繁殖系数高，多次继代后愈伤组织的再生能力下降或消失，再生后代容易变异
胚状体发生型	体细胞	胚状体数量多，结构完整，易成苗，繁殖速度快，但有的胚状体容易变异
原球茎发生型	兰科植物的茎尖或侧芽	原球茎具有完整的结构，易成苗，繁殖速度快，再生后代变异概率小

拓展学习

1. 根初代培养

根系生长快、代谢强、变异小，且离体培养时不受微生物的干扰，可以通过改变培养基的成分来研究其生长和代谢的变化规律。因此，离体根培养是研究根系生理代谢、器官分化及形态建成的优良实验体系。在生产上，通过建立离体根无性繁殖系，可以进行一些重要药物的生产。此外，也可通过根细胞的离体培养再生植株，诱导突变体用于育种工作。

(1) 离体根无性繁殖系建立

首先将种子进行表面消毒，在无菌条件下进行培养。待根伸长后，切取长 0.5~1.5cm 的根尖接种于预先配制好的培养基中。这些根尖生长很快，几天后就能发出侧根。待侧根生长到一定长度后，可切取侧根的根尖进行扩大培养。如此反复切接，就可得到单个根尖的离体根无性繁殖系。

离体根在培养基中的培养方式有 3 种：固体培养，将根尖接种在固体培养基上；液体培养，将根尖接种在无琼脂的液体培养基中，置于摇床上振荡培养；固体-液体培养，将根基部插入固体培养基中，根尖浸在液体培养基中，根尖部不断伸长和分枝。

(2) 离体根培养

离体根培养不需要离子浓度太高，故多采用无机盐浓度低的 White 培养基。也可采用 MS 培养基、B5 培养基等，但必须将其浓度稀释到 2/3 或 1/2，如水仙的小鳞茎在 1/2MS 培养基上培养能发根。大量元素中硝态氮和钙、微量元素中硼和铁都有利于离体根的生长。离体根生长也需要磷和钾，但量不宜多。有机营养中维生素 B_1 和维生素 B_6 最重要，缺少则根的生长受阻，使用浓度一般为 0.1~1.0mg/L。蔗糖是双子叶植物离体根培养最好的碳源。不同植物离体根对生长调节物质的反应有一定差异。如在番茄、樱桃等的离体根培养过程中，生长素抑制离体根的生长；而在玉米、小麦、赤松和矮豌豆的离体根培养过程中，生长素促进离体根的生长；黑麦和小麦的一些变种，其离体根的生长依赖于生长素的作用。GA_3 能明显影响侧根的发生与生长，加速根分生组织的老化；KT 能增加根分生组织的活性，有抗老化的作用。

离体根培养的温度一般以 25~27℃最佳。离体根一般情况下均进行暗培养，也有些植物，光照能够促进其根系生长。

(3) 植株再生途径

将无菌根尖接种在适宜的培养基上，诱导愈伤组织形成；由愈伤组织诱导芽或根，或芽、根同时产生，再进一步诱导无根芽形成根或无芽根形成芽，成为完整植株。需要注意的是，愈伤组织如果先形成根，则往往抑制芽的形成。但也有例外，如番茄愈伤组织细胞团先分化根，然后在根尖另一端分化出不定芽，进一步发育成完整植株。

2. 茎尖初代培养

茎尖是植物组织培养常用的外植体。茎尖培养生长速度快、繁殖率高、不易产生遗传变异，是获得脱毒苗的有效途径。根据培养目的和取材大小，茎尖培养可分为微茎尖培养和普通茎尖培养。

微茎尖培养是指对微茎尖进行的培养。微茎尖指带有 1~2 个叶原基的生长锥，其长度不超过 0.5mm，主要用于植物脱毒（详见项目 6）。普通茎尖培养是指对较大的茎尖（长度几毫米到几十毫米）、芽尖及侧芽的培养，主要用于植物快速繁殖。

(1) 外植体选择与消毒

正在生长的顶芽或侧芽是最好的外植体。从生长健壮、无病虫害的植株上切取长 2cm 以上的嫩梢。木本植物可在取材前对嫩梢喷几次灭菌药剂，以保证材料不带或少带杂菌。

将采集的嫩梢去掉大的叶片，在流水下冲洗。然后用75%乙醇浸泡30s，并用无菌水冲洗。再用0.1%升汞溶液消毒5~10min或用2%次氯酸钠消毒8~10min。嫩茎的顶芽消毒时间宜短，而来自较老枝条的顶梢和侧芽及有芽鳞保护的芽消毒时间可适当延长。消毒完毕，用无菌水冲洗3~5次。

（2）接种

将灭菌后的植物材料在无菌条件下剥离嫩叶，切取长0.3~0.5cm、带2~4个或更多叶原基的茎尖，及时接种到培养基上。有些植物的茎尖会由于多酚氧化酶的氧化作用而发生褐化，影响成活，因此在接种时动作要敏捷，随切随接，以减少伤口在空气中暴露的时间。也可将切下的茎尖在1%~5%的维生素C溶液中浸蘸一下再接种。一般每瓶接种1个茎尖。

（3）培养

茎尖培养常用的基本培养基为MS培养基和B5培养基，前者适用于大多数双子叶植物，后者适用于多数单子叶植物。木本植物的茎尖培养也可选用WPM培养基。培养基中生长素与细胞分裂素的比例影响器官发生的方向。一般使用较高浓度的细胞分裂素和较低浓度的生长素，能够解除顶端优势的抑制作用，诱导产生丛生芽。促进腋芽增殖最有效的细胞分裂素是6-BA，其次是KT和ZT，使用浓度为0.1~10mg/L；附加生长素的目的是促进芽的生长，常用的是NAA和IAA，浓度一般为0.1mg/L左右，如果高于此浓度，产生畸变芽或形成愈伤组织的概率会大大增加。

茎尖一般需要在光照条件下培养，光照强度为1000~3000lx，光周期实行连续16h/d光照或24h/d光照，有利于芽的分化和增殖。但在进行块茎类植物和鳞茎类植物的芽培养时，为了诱导小块茎和小鳞茎的分化和增殖，则需要暗培养。

茎尖培养的温度一般在25℃左右，但因植物种类和培养过程的不同，有时也采用较低或较高的温度，或给予适当的昼夜温差等。茎尖培养的培养时间较长，固体培养基易于干燥，可以通过定期转移和包口封严等方法解决。

3. 茎段初代培养

茎段培养是指对带1个以上腋芽（或侧芽）或不带芽的茎段进行离体培养。茎段培养具有材料来源广泛、繁殖速度快、繁殖率高、变异小和性状均一等特点，广泛用于植物的离体快速繁殖。

（1）外植体选择与消毒

取生长健壮、无病虫害的幼嫩枝条，如果是木本植物则取当年生嫩枝或1年生枝条，去掉叶片，剪成长3~4cm的茎段。对于带有球茎或鳞茎等变态茎的球根类花卉，可用分球或鳞片进行离体培养。

外植体消毒的程序同普通茎尖培养。如果材料表面有茸毛，应在消毒剂中滴加1~2滴吐温-20或吐温-80，然后用无菌水冲3~5次。注意根据材料的老嫩和蜡质的多少来确定消毒时间。

（2）接种

将消毒好的茎段去除两端被消毒剂杀伤的部位，分切成单芽小段，竖插于诱导培养基中。若采用鳞茎，将鳞茎切成小块，每块小鳞茎上要带1个腋芽。

（3）培养

常用的基本培养基为 MS 培养基。在茎段培养中，促进腋芽增殖用 6-BA 最为有效，其次是 KT 和 ZT 等。生长素虽不能促进腋芽增殖，但可改善幼苗的生长，使用最多的为 NAA，其次为 IBA、IAA 和 2,4-D，浓度多在 0.5mg/L 以下。GA$_3$ 对芽伸长有促进作用，因此常加少量的 GA$_3$，浓度约为 0.5mg/L。

温度保持在 25℃左右。给予充足的光照，每天照光 16h，光照强度 1000~3000lx。

（4）植株再生途径

茎段接种后不久，有些直接形成不定芽，但主要是腋芽开始向上伸长生长，形成新茎梢。有时在切口处特别是基部切口处会形成少量愈伤组织；有时会出现丛生芽，产生的丛生芽可进行增殖培养、生根培养，最后得到完整植株。

4. 叶初代培养

离体叶培养是指对叶原基、叶柄、叶鞘、叶片、子叶等叶组织进行的无菌培养。由于叶既是植物进行光合作用的器官，又是某些植物的繁殖器官，因此离体叶培养在植物器官培养中占有重要地位。离体叶培养主要用于研究叶形态建成、光合作用和叶绿素形成等，也可用于建立无性繁殖系，成为提高不易繁殖植物的繁殖效率的有效途径。此外，叶细胞培养物是良好的遗传诱变系统，经过自然变异或者人工诱变处理可筛选出突变体，在育种实践中加以应用。

（1）外植体选择与消毒

从生长健壮、无病虫害的植株上选取幼嫩叶片进行常规消毒。消毒时间根据叶片的老嫩和质地而定，特别幼嫩的叶片消毒时间宜短。

（2）接种

在无菌条件下，将消毒后的叶片放入铺有无菌滤纸的培养皿内，用解剖刀切成（或解剖剪剪成）约 0.5cm×0.5cm 的小块（图 5-1-6），然后上表皮朝上平放（或竖插）在固体培养基上。

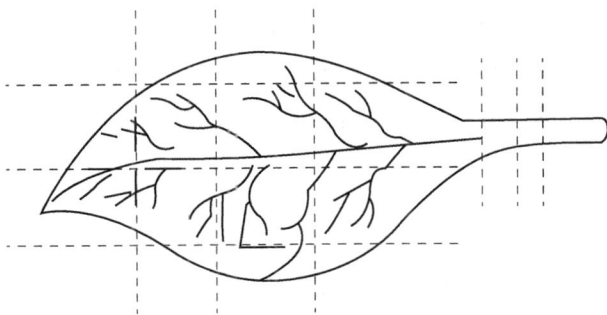

图 5-1-6　叶片的分切方式

（3）培养

离体叶培养常用 MS、White、N6、B5 等基本培养基。生长调节物质是影响叶组织脱分化和再分化的主要因素，对于大多数双子叶植物来说，细胞分裂素（尤其是 KT 和 6-BA）有利于芽的形成；生长素（特别是 NAA）则抑制芽的形成，而有利于根的发生；2,4-D 有利于愈伤组织的形成。此外，附加 15%椰汁、1mg/mL 水解酪蛋白等有机附加物，有利于离体叶培养的形态发生。

离体叶一般在 25～28℃ 条件下培养，光照时间 12～14h/d，初期光照强度 1500～2000lx，在不定芽分化和生长期应将光照强度增加到 3000～10 000lx。

（4）植株再生途径

①由愈伤组织产生不定芽　这是一种比较普遍的再生方式。不定芽可以采用两种方式诱导形成：一种是一步诱导法，即在诱导分化培养基上诱导出愈伤组织并进一步分化出不定芽；另一种是两次诱导法，即先在诱导培养基上诱导出愈伤组织，再转接到分化培养基上分化出不定芽。

②直接产生不定芽　离体叶培养过程中，叶片切口处组织迅速愈合并产生瘤状突起，进而产生大量不定芽，或由叶肉栅栏组织直接脱分化产生不定芽。这两种情况一般都不形成愈伤组织。这种再生方式以蕨类植物最多，双子叶植物次之，单子叶植物最少。

③形成胚状体　通过叶片离体培养诱导的愈伤组织产生胚状体是很普遍的。叶肉栅栏组织、海绵组织和叶表皮细胞经脱分化后都能产生胚状体。菊花、烟草、番茄、非洲紫罗兰等植物的叶片组织都有分化成胚状体的能力。

④其他途径　大蒜贮藏叶、水仙鳞叶经离体培养后，直接或经愈伤组织再生出球状体或小鳞茎，最终发育成小植株；以兰科植物尚未展开的幼叶进行离体培养，可以得到愈伤组织和原球茎，再经培养可发育成小植株。

任务 5-2　继代培养

📖 任务目标

1. 熟悉继代培养的主要增殖方式和影响因素。
2. 掌握不同增殖方式的组培苗转接技术。
3. 能根据植物种类选择适宜的继代培养增殖方式。

📄 任务描述

通过初代培养所获得的无菌茎梢、不定芽、胚状体和原球茎等无菌材料称为中间繁殖体。由于中间繁殖体的数量有限，还需要将它们切割、分离后转移到新的培养基上进行增殖，这个过程称为继代培养。继代培养是继初代培养之后连续数代的增殖培养过程，其目的是扩繁中间繁殖体，以迅速得到大量组培苗，因此又称增殖培养。本任务主要学习组培苗继代培养的方法和步骤。

🎞 材料与用具

组培苗（菊花、月季、香石竹、草莓等）；MS 培养基母液、生长调节物质母液、琼脂、蔗糖、蒸馏水、75%乙醇、95%乙醇；移液管、量筒、容量瓶、培养瓶；天平、电磁炉、酸度计或 pH 试纸、超净工作台、酒精灯、接种工具、器械灭菌器；封口材料、记号笔等。

任务实施

1. 制订实施方案

学生分组，在教师指导下制订科学合理的菊花、月季、香石竹、草莓等组培苗继代培养实施方案，做好人员分工。

2. 配制培养基

按照菊花、月季、香石竹、草莓等的继代培养基配方配制培养基，并及时灭菌备用。

3. 无菌转接

在无菌条件下，将菊花、月季、香石竹等节间明显的多茎段嫩枝材料，切割成长 1cm 左右、带 1~2 个茎节的茎段，插入培养基中进行培养；将草莓等茎间不明显的芽丛，采取分离芽丛的方式扩繁。

4. 讨论与评价

小组自检任务完成情况，并分析、讨论操作过程中存在的问题，教师进行点评。

5. 清理现场

安排值日生清理现场。要求设备、用具归位，现场整洁，记录填写完整。

6. 观察记录

培养过程中定期观察培养材料的生长情况，统计增殖率和污染率等，及时淘汰污染苗。

考核评价

参照表 5-2-1 进行考核评价。

表 5-2-1　评价表

评价项目	评价标准	分值
准备工作	接种室及超净工作台灭菌充分，接种工具等准备齐全	10
培养基配制及灭菌	培养基标注准确、清晰；灭菌温度、时间设置正确，操作规范	20
无菌转接操作	材料切割方法正确，无菌操作规范、熟练	20
接种质量	材料规格一致，分布均匀，深浅适宜，无倒插或深陷现象	20
现场清理	工作台面整洁，物品按要求整理归位	10
观察记录	定期观察培养材料的生长状况，对增殖率、污染率等有完整记录	10
团队协作	小组成员分工合理、相互协作、积极思考、认真讨论	10
合　　计		100

🚩 知识链接 ···

1. 增殖方式和培养基

（1）增殖方式

继代培养的后代是按照几何级数增加的，如果以 2 株苗为基础，那么经过 10 代以后将产生 2^{10} 株苗。继代培养的增殖方式包括：切割茎段、分离芽丛、分离原球茎、分离胚状体等。

①切割茎段　常用于有伸长的茎梢、茎节较明显的植物材料。这种方式简便易行，能保持母种的特性。

②分离芽丛　适用于由愈伤组织产生的芽丛。若芽丛的芽较小，可先切成芽丛小块，放入 MS 培养基中培养，待稍大时，再分离继续培养。

③分离原球茎　将原球茎切割成小块，或给予针刺等损伤，在液体培养基中振荡培养，加快其增殖进程。

④分离胚状体　将由外植体或愈伤组织产生的胚状体进一步切割，转接于继代培养基中。常采用液体培养基进行振荡培养。

（2）培养基

继代培养的基本培养基大多使用的是 MS 培养基。继代培养初期使用较高浓度的生长调节物质，多代后可降低浓度。添加的生长调节物质以细胞分裂素为主，细胞分裂素和矿质元素的浓度要高于初代培养，并添加低浓度的生长素。

初次继代后，可将一部分培养材料接种到保存培养基上，待其他培养材料多次继代后再使用保存的培养材料增殖，以防止多次继代后培养材料增殖能力下降。

2. 影响继代的因素

（1）培养材料的继代能力

不同种类的植物、同种植物的不同品种，以及同一植物的不同器官和不同部位，继代能力不同。一般为草本植物>木本植物，被子植物>裸子植物，幼嫩材料>老龄材料，刚分离的组织>已继代的组织，胚>营养组织，芽>胚状体>愈伤组织。

（2）驯化现象

在植物组织培养的早期研究中，发现一些植物的组织经长期继代培养会发生一些变化，即在开始的继代培养中需要较多的生长调节物质，多代后加入少量或不加生长调节物质就可以生长，此现象称为驯化。这种所谓的驯化现象并非都是好的，有时长期的驯化会得到适得其反的结果，如只长芽不长根，即芽的增殖倍数很高，但芽又细又弱。这时，就需要接种到加入生长素的培养基中培养，经过几次继代培养后才能长出较多的根。

（3）培养材料的形态发生能力

在长期的继代培养中，培养材料自身会发生一系列的生理变化，除了驯化现象外，还会出现形态发生能力的丧失。不同植物，形态发生能力的保持时间是不同的，而且差异很大。以腋芽或不定芽继代的植物，培养许多代之后仍然保持着旺盛的增殖能力，一般较少出现形态发生能力丧失的问题。

（4）生长调节物质

细胞分裂素和生长素的比例是影响继代培养中增殖系数和不定芽质量的主要因素。如果生长素所占比例大，则不定芽生长健壮，但繁殖系数较低，达不到快速繁殖的目的；如果只用细胞分裂素，则虽然中间繁殖体的增殖量大，但组培苗比较细弱，需要加入生长素以促进茎的生长。因此，只有生长素和细胞分裂素二者的比例适宜，才能使中间繁殖体快速繁殖。

（5）继代周期

继代时间不是一成不变的，要根据培养材料、培养目的、环境条件及所使用的培养基配方等进行确定。一些生长速度快或者繁殖系数高的种类如满天星、非洲紫罗兰等，继代时间比较短，一般不超过15d；生长速度比较慢的种类如非洲菊、红掌等，继代时间则要长一些，30~40d继代一次。在前期扩繁阶段，为了加快繁殖速度，苗刚分化时就可进行继代，而无须待苗长到很大时才进行继代；后期，在保持一定繁殖基数的前提下进行定量生产时，为了有更多的大苗用来生根，可以采取较长的继代时间，以达到既维持一定的增殖量，又提高组培苗成品率的目的。

（6）继代次数

继代次数对继代培养的影响因培养材料而异。有的植物如葡萄、月季和倒挂金钟等，多次继代仍能保持原来的再生能力和增殖率；有的植物只有经过一定次数的继代培养后才有分化再生能力，如沙枣愈伤组织继代培养6次后才能分化苗；有的植物则分化再生能力随继代次数增加而降低，如杜鹃花茎尖外植体连续继代培养3~4次后，在第4代或第5代产生的小枝数量开始下降，虽可用光照处理或在培养基中提高生长素浓度等方法缓解，但无法阻止小枝数量下降，最终必须进行培养材料的更换。

任务 5-3　壮苗与生根培养

📖 **任务目标** ••

1. 掌握组培苗壮苗与生根的主要方式。
2. 熟练掌握组培苗生根培养的操作规程。
3. 能根据植物种类选用适宜的生根方法。

📑 **任务描述** ••

当组培苗增殖到一定数量后，就要进入生根阶段。若不能及时将组培苗转到生根培养基上，组培苗就会发黄老化，或因过分拥挤而使无效苗增多，导致芽苗的浪费。生根培养是使无根苗生根形成完整植株的过程，目的是使无根苗生出浓密而粗壮的不定根，以提高组培苗对外界环境的适应能力，使组培苗能成功地移栽到瓶外，获得更多高质量的商品苗。本任务主要学习组培苗壮苗与生根培养的方法和步骤。

材料与用具 ··

组培苗（菊花、月季）；MS培养基母液、生长调节物质母液、琼脂、蔗糖、蒸馏水、75%乙醇、95%乙醇；移液管、量筒、容量瓶、培养瓶；天平、电磁炉、酸度计或pH试纸、超净工作台、酒精灯、接种工具、器械灭菌器；封口材料、记号笔等。

任务实施 ··

1. 制订实施方案

学生分组，在教师指导下制订科学合理的菊花、月季组培苗壮苗与生根培养实施方案，做好人员分工。

2. 配制培养基

按照菊花、月季的生根培养基配方配制培养基，并及时灭菌备用。

3. 无菌转接操作

在无菌条件下，将菊花、月季无菌苗从培养瓶中取出，剪成带芽的茎段，用镊子转接到生根培养基上进行培养。

4. 讨论与评价

小组自检任务完成情况，并分析、讨论操作过程中存在的问题，教师进行点评。

5. 清理现场

安排值日生清理现场。要求设备、用具归位，现场整洁，记录填写完整。

6. 观察记录

培养过程中定期观察组培苗的生长情况，统计生根率和污染率等，及时淘汰污染苗。

考核评价 ··

参照表5-3-1进行考核评价。

表5-3-1 评价表

评价项目	评价标准	分值
准备工作	接种室及超净工作台灭菌充分，接种工具等准备齐全	10
培养基配制及灭菌	培养基标注准确、清晰；灭菌温度、时间设置正确，操作规范	20
组培苗转接操作	材料切割方法正确，无菌操作规范、熟练	20
接种质量	瓶内接种材料数量合适，摆放合理	20
现场清理	工作台面整洁，物品按要求整理归位	10
观察记录	定期观察组培苗的生长状况，污染率、生根率等有完整记录	10
团队协作	小组成员分工合理、相互协作、积极思考、认真讨论	10
合　计		100

知识链接 ···

1. 壮苗培养

在继代培养的过程中，通过增加细胞分裂素的浓度可提高增殖系数，但同时会造成增殖的芽生长势减弱，不定芽短小细弱，无法生根。即使部分不定芽能够生根，移栽成活率也不高。因此，对继代培养产生的一些弱苗必须进行壮苗培养。常用的壮苗措施有以下几种。

(1)调整生长调节物质的种类及浓度

在继代培养中，为了提高芽的增殖率，在培养基中添加细胞分裂素是必不可少的。在一定浓度范围内，培养基中的细胞分裂素浓度越高，芽的分化速度就越快，芽就越小，越达不到诱导生根的条件。因此，在诱导生根之前，要适当降低培养基中细胞分裂素的浓度，相对提高生长素的浓度，或者添加少量 GA_3，以促进芽的伸长和生长。在培养基中添加少量多效唑或矮壮素等生长延缓剂，也有利于形成壮苗。

(2)改善培养条件和培养方式

组培苗多处于高温、高湿、弱光的环境，因此容易徒长，不利于形成壮苗。可适当降低培养温度(一般为 $20\sim25℃$)，光照强度增加到 $3000lx$ 以上，以增加光合产物的积累，同时减少呼吸作用的消耗，从而达到壮苗的目的。

采用固体培养基时，培养基的营养消耗及通风不良等会导致组培苗生长偏弱。研究人员在火鹤组培实验中发现，使用浅层液体培养基代替固体培养基，2 周后芽明显长大，茎伸长变粗，叶片增大 $5\sim8$ 倍，每个芽丛平均能产生 $4\sim6$ 株粗壮的苗，且生长整齐。

2. 生根培养

(1)诱导组培苗生根的方法

①瓶内生根　是将成丛的组培苗分离成单苗，转接到生根培养基上，在培养容器内诱导生根的方法。组培苗生出的根大多属于不定根，根原基的形成与培养基中生长素的浓度有着很重要的关系，但根原基的形成和生长也可以在没有外源生长素的条件下实现。因植物材料不同，组培苗生根快的只需 $3\sim4d$，慢的则要 $3\sim4$ 周甚至更久。

②瓶外生根　有些植物的组培苗在培养容器中难以生根，或能生根但根与茎的维管束不相通，或根与茎联系差，或有根而无根毛，吸收能力极弱，移栽后不易成活，这就需要采取瓶外生根的方法。瓶外生根是将已经完成壮苗培养的小苗，用一定浓度生长素处理(如 $50\sim100mg/kg$ 的 IBA 溶液处理 $4\sim8h$)或生根粉浸蘸，然后栽入疏松透气的基质中诱导生根的方法。大花蕙兰、非洲菊、苹果、猕猴桃、葡萄和毛白杨等均有瓶外生根成功的报道。瓶外生根也是一种降低生产成本的有效途径，不仅可以简化无菌操作的工作流程，而且减少了培养基制备过程中材料与能源的消耗。

(2)影响组培苗生根的因素

组培苗生根的优劣主要体现在根系质量(粗度、长度)和根系数量(条数)两个方面。不仅要求不定根比较粗壮，更重要的是要有较多的毛细根，以扩大根系的吸收面积，增强根系的吸收能力，提高移栽成活率。优质根的标准是具有 3~5 条主根，在前端有侧根和须根，根的数量适当。根系的长度不宜太长，粗而少与细而多相比，后者相对较好。影响组培苗生根的因素主要有以下几个方面。

①植物材料　不同植物种类、不同的基因型、同一植株不同部位和不同年龄对根的形成和分化影响不同。一般情况下，营养繁殖容易生根的植物材料在组织培养中也容易生根，反之亦然。如核桃、柿树等扦插苗生根较困难，组培苗生根也困难。此外，生根难易还与取材季节和所处的环境条件有关。不同植物材料生根难易的一般规律是木本植物比草本植物生根难，成年树比幼年树生根难，乔木比灌木生根难。

②培养基成分　一般认为培养基中无机盐浓度高时有利于组培苗茎、叶生长，无机盐浓度较低时有利于生根，发根快，且根多而粗壮，加铁盐则更好。因此，生根培养的基本培养基多采用 1/2MS 培养基或 1/4MS 培养基。如无籽西瓜组培苗在 1/2MS 培养基中生根较好，月季组培苗在 1/4MS 培养基中生根较好，水仙的小鳞茎则在 1/2MS 培养基中才能生根。为了使生根小苗健壮生长以利于移栽，培养基中的蔗糖用量可适当减少，一般为 1.5%~2%。植物生长调节物质对组培苗不定根的形成起着决定性的作用。一般各种生长素均能促进生根，但不同种类的生长素直接影响生根的数量和质量。一般 IBA 作用强烈，作用时间长，诱导的根多而长；IAA 诱导的根比较细长；NAA 诱导的根比较粗短。生产上最常用的是 NAA和 IBA（浓度一般为 0.1~1.0mg/L），两者可混合使用，但大多数植物单用一种生长素即可获得较好的生根效果。另外，在生根培养基中添加一定量的活性炭，不仅可以为生根创造暗培养的环境，而且还能吸附一些有毒物质，使根不易褐化，有利于根的生长。

③培养条件　诱导生根所需的温度一般比增殖时的温度低一些。例如，继代培养时的最适温度一般为 25~28℃，而生根培养的适宜温度为 20~25℃。在较低温度下诱导的根质量好且数量比较适宜，但温度低于 15℃ 会影响根的分化和生长。不同植物诱导生根的最适温度不同，如草莓组培苗生根以 28℃ 为宜；河北杨组培苗在白天温度22~25℃、夜间温度 17℃ 时生根速度最快，且生根率高，可达 100%。

光照时间和光照强度直接影响组培苗生根。一般认为黑暗有利于根的形成，如毛樱桃新梢经 12h/d 暗培养比不经暗培养生根率提高 20%；生根比较困难的苹果组培苗经暗培养可提高生根率。杜鹃花组培苗经低光照强度处理也可促进生根。对于大多数植物来说，光照并不抑制根原基的形成和根的正常生长，因此诱导生根普遍在光照下进行。

组培苗的生根要求一定的 pH，一般为 5.0~6.0。如杜鹃花组培苗在 pH 5.0 时生根效果最好。

④继代培养次数　一般随着继代培养次数的增加，组培苗嫩茎（芽苗）的生根能力有所提高。例如，苹果组培苗嫩茎继代培养的次数越多，生根率越高，其中'富士'苹果在前 6 代生根率低于 30%，生根苗平均根数不足 2 条，而第 10 代生根率达 80%，12 代以后生根率达 95%；杜鹃花茎尖培养中，随继代次数的增加，组培苗生根数量明显增加，第 4 代生根率可达 100%。

任务 5-1 组培苗驯化移栽

📖 **任务目标** ··

1. 能创造条件对组培苗进行驯化。
2. 掌握组培苗出瓶移栽技术。
3. 掌握提高组培苗移栽成活率的措施。

📑 **任务描述** ··

组培苗驯化移栽是指将无菌生根组培苗进行驯化后移栽的过程，是组织培养工作的重要环节。为了使组培苗顺利完成从室内环境到室外环境的过渡，保证较高的移栽成活率，通常先对组培苗进行驯化，然后进行移栽和苗期管理。本任务是在充分了解组培苗特点的基础上，提供适宜条件，使组培苗逐渐适应常规栽培的相似环境，最终培养出生长健壮的种苗。

🔍 **材料与用具** ··

组培苗；50%多菌灵、高锰酸钾；草炭、珍珠岩、蛭石、腐殖土（草炭或树木根部周围的细土）、沙子；穴盘、营养钵、塑料膜、遮阳网、喷壶、镊子、竹签、水盆等。

🛠 **任务实施** ··

1. 制订实施方案

各小组根据任务要求制订组培苗驯化移栽实施方案，做好人员分工。

2. 场地准备

在温室或塑料大棚内根据不同植物对光的需求铺设遮阳网，平整地面。

3. 组培苗驯化

当组培苗的根为嫩白色、具有 2~3 条侧根、根长 1~2cm 时，将生根组培苗的培养瓶转移至塑料大棚内，在遮光率为 50%~70% 的遮阳网下驯化 2~3d，然后打开瓶盖放置 3~5d。当小苗茎叶颜色加深、根系颜色由白色或黄白色变为黄褐色并延长、伴有新根生出时表示驯化成功。

4. 移栽容器准备

草本植物移栽于穴盘中，先用 5% 高锰酸钾溶液对穴盘进行浸泡消毒，然后在穴盘中装填栽培基质（珍珠岩：蛭石：草炭 = 1：1：0.5，也可用沙子：草炭 = 1：1），用木板刮平。木本植物移栽于塑料营养钵中，基质装填至距钵缘 0.5~1.0cm 处，装填完成后浇透水。

5. 组培苗出瓶

用镊子将组培苗从培养瓶中取出，放在盛有清水的盆中，轻轻洗去根部附着的培养基，并对过长的根适当进行修剪，最后将组培苗放入 50% 多菌灵 500~800 倍液中浸泡 10~15min。

6. 组培苗移栽

在穴盘的孔穴或营养钵的基质中心用竹签扎孔，孔深及孔大小根据组培苗根系发达程度来定。将组培苗插入孔内，舒展根系，然后用基质将孔覆严。移栽完毕用喷壶浇一次水，以保证组培苗根系与基质充分接触。

7. 移栽后管理

移栽后的组培苗要注意遮阴、控温、保湿、追肥和防止杂菌感染。移栽初期(1~2周)应遮阴，温度控制在 15~25℃，空气湿度保持在 90% 以上；后期逐渐增加光照，加强通风，降低湿度。移栽 1 周后应进行适量叶面追肥，可用 0.1% 尿素或 1/2MS 大量元素混合液喷雾，以后根据小苗生长情况每隔 7~10d 追一次肥，以促进幼苗生长。待小苗生长健壮、根系良好，并长出 2~3 片新叶后，即可上盆定植或移栽到大田。

考核评价

参照表 5-4-1 进行考核评价。

表 5-4-1　评价表

评价项目	评价标准	分值
组培苗驯化	驯化方法正确，驯化条件适宜，幼苗驯化成功	10
移栽基质准备	基质种类及比例适当，穴盘消毒方法正确	10
组培苗出瓶	出瓶动作轻，不伤苗；组培苗根部的培养基清洗干净	20
组培苗移栽	竹签打孔均匀一致，株行距合理；移栽方法正确，操作规范	20
苗期管理	光照、温度、水分等养护管理得当，组培苗移栽成活率高	20
文明、安全操作	场地整洁，物品、用具按要求整理归位	10
团队协作	小组成员分工明确、相互协作，工作任务完成迅速、效果好	10
合　计		100

知识链接

组培苗驯化与移栽是植物组培快繁的最后一个环节，关系着生产的成败。这个环节若做不好，就会前功尽弃。若想做好组培苗的驯化与移栽，首先要了解组培苗与实生苗及组培苗生长环境与自然环境之间的差异，其次要人为创设从组培苗生长环境逐渐向室外自然环境转化的过渡条件，增强组培苗的适应性，从而提高组培苗的移栽成活率。

1. 组培苗驯化

(1)组培苗生长环境的特点

组培苗生长在培养室内的培养容器中，与外界环境隔离。与外界环境相比，组培苗的生长环境具有以下特点。

①高温且恒温　在组培苗整个生长过程中，一般采用25℃±2℃的恒温培养，即使某一阶段温度稍有变动，温差也是极小的。

②高湿　培养容器具有密闭性，容器内水分的移动有两种途径：一是由培养基表面向容器中蒸发，水汽凝结后又进入培养基；二是组培苗吸收培养基中的水分，水分从植株表面气孔蒸腾到容器中，水汽凝结后再进入培养基。这种水分循环使培养容器中的相对湿度接近100%，远远大于培养容器外的空气湿度。

③弱光　培养室中的光源是少量自然光和人工补光，其光照强度远不及自然环境中的太阳光，因此组培苗生长较弱，经受不住太阳光的直接照射。

④无菌　组培苗的生长环境是无菌的，并且组培苗也是无菌的，因此组培苗对自然环境的抵抗力很弱，在驯化过程中要经历由无菌环境向有菌环境的转换。

⑤异养　组培苗是在人工配制的培养基上生长和发育的，完全处于异养的状态，驯化过程中需要经历由异养转为自养的过程。

（2）组培苗的特点

组培苗是在恒温、无菌、弱光和高湿的环境条件下生长的，所以在生理、形态等方面都与自然条件下生长的小苗有很大差异。其具有以下特点：生长细弱，茎、叶表面的角质层不发达；茎、叶虽呈绿色，但叶绿体的光合作用能力较弱；叶片的气孔数目少，活性低；根的吸收能力较弱，根系吸收的水分难以满足蒸腾作用对水分的需求；对逆境的适应能力和抵抗能力差。

（3）组培苗的驯化方法

由于组培苗的生长环境与自然环境差异很大，组培苗在移栽前必须经过驯化（或称炼苗）的过程，以逐渐提高对自然环境条件的适应性，最终达到提高组培苗移栽成活率的目的。驯化方法是：将装有组培苗的培养容器由培养室转移至驯化室或温室，先不打开培养容器的瓶盖或封口膜，在半遮阴的自然光下培养，让组培苗的叶绿体逐渐恢复光合作用能力。3~5d 后打开瓶盖或封口膜，使组培苗周围的环境逐步接近自然环境，再驯化 2~3d 即可。驯化成功的标准是组培苗茎叶颜色加深，根系颜色由黄白色变为黄褐色并延长。

2. 组培苗移栽

（1）移栽基质

栽种组培苗的基质要具备透气性、保湿性和一定的肥力，容易灭菌，并且不利于杂菌滋生，通常选用珍珠岩、蛭石、沙子等混合配制。为了增加黏着力和肥力，可加入草炭（或腐殖土）。基质需按比例配制，一般用珍珠岩、蛭石、草炭（或腐殖土），其比例为1∶1∶0.5，也可用沙子、草炭（或腐殖土），其比例为1∶1。基质在使用前应经高压蒸汽灭菌，或烘烤至少 3h 来消灭其中的微生物，或喷施多菌灵、百菌清灭菌。将灭菌的基质装入穴盘或营养钵中，刮平，浇透水备用。

（2）移栽方法

不同的植物，对自然环境的适应能力是有差异的，其组培苗采用的移栽方法也有所不同。

①常规移栽法　将驯化后的组培苗轻轻取出，用清水洗去根部的培养基，以防滋生杂菌。动作要轻，尽量减少对组培苗根系和叶片的伤害。用牙签或木棒在基质中扎孔，然后将组培苗栽入孔中。栽植深度应适宜，不要掩埋或弄脏叶片。栽后把小苗根部周围的基质压实，喷透水，使小苗根系与基质接触紧密。最后将苗移入高湿的环境中，保持一定的温度，适当遮阴。当苗长出 2~3 片新叶时，即可移栽到田间或盆钵中。这种移栽

方法适合草莓、百合、非洲菊、马铃薯等多数植物。

②直接移栽法　是指直接将组培苗移栽到盆钵的方法。这种移栽方法适合凤梨、万年青、五彩芋、兰花等温室盆栽植物，其盆栽基质较好，有进行专业化生产的温室条件。

③嫁接移栽法　是指选取生长良好的同种植物的实生苗或营养繁殖苗作砧木，用组培苗作接穗进行嫁接的方法。与常规移栽法相比，嫁接移栽法具有移栽成活率高、适用范围广、成活所需时间短、有利于移栽植株的生长发育等许多优点。这种移栽方法适用于西瓜、花生和一些多肉植物等采用常规移栽法不易成活的植物种类。

（3）影响移栽成活率的因素

①植物种类及生理状况　不同种类的植物，移栽成活率不同。如菊花、薰衣草组培苗移栽容易成活；而仙客来组培苗移栽，稍不小心，就会引起大量死亡。

组培苗的生理状况也影响移栽成活率。组培苗细长、黄化、根系发育不良时，移栽极易死亡，而叶片浓绿、茎粗壮、根系发达及长势好时则移栽容易成活。另外，移栽时尽量少伤苗，伤口过多、根损伤过多都是造成死苗的原因。

②生长调节物质　一般来说，生长素具有促进生根的作用，因此能提高组培苗的移栽成活率。但不同植物选用的生长素种类不同。如月季以 NAA 诱导生根和提高移栽成活率效果最好；而使用 IAA 效果并不理想，当 IAA 的浓度超过 1mg/L 时，反而会使移栽成活率急剧降低。细胞分裂素一般会抑制根的生长，不利于移栽成活。

③环境因子　移栽后 10d 内应控制好环境温度、湿度和光照等环境因子。温度过高，会导致蒸腾作用加强，从而使水分供需平衡受到破坏，并促使菌类滋生。温度过低，会使幼苗生长迟缓或不易成活。

④栽培基质　对于移栽后成活比较困难的植物，第一次移栽时最好选用灭菌基质，以提高移栽成活率。

（4）移栽后管理

组培苗移栽后，要注意控制湿度、温度、光照和洁净度等，以促使小苗尽早达到定植标准。

①保持水分供需平衡　移栽后 5~7d，应保持较高的空气湿度（85%以上）。可采取浇水、喷雾、搭设拱棚等措施，使空气湿度尽量接近培养瓶内的湿度条件。如定时喷水，保持拱棚薄膜上有水珠出现。喷水时加入 0.1%尿素或用 1/2MS 大量元素混合液进行追肥，可加快小苗的生长与成活。当小苗呈现生长趋势时，可逐渐减少喷水次数，将拱棚两端打开通风，使小苗适应湿度较小的环境条件。约 15d 后揭去拱棚的薄膜，并逐渐减少浇水，促进小苗生长健壮。

②保证适宜的温度和光照　组培苗移栽后生长的适宜温度与植物种类有关，喜温植物以 25℃左右为宜，喜凉植物则以 18~20℃为宜。基质温度高于空气温度 2~3℃，有利于生根和促进根系发育。冬春季地温较低时，可用电热线来加温。另外，移栽初期应做好遮阴工作，可在拱棚上加盖遮阳网，以防阳光灼伤小苗和减少水分的蒸发。当小苗开始生长时，逐渐增加光照。后期可直接利用自然光照，以促进光合产物的积累，增强抗性，促其成活。

③防止菌类滋生　组培苗的生长环境是无菌的，移栽后对病菌的抵抗力较弱，因此

应尽量避免菌类大量滋生，以利于小苗成活。可使用一定浓度的杀菌剂如多菌灵、硫菌灵，稀释800~1000倍，7~10d喷一次。

④基质保持适当的通气性　基质要保持良好的通气性。在管理过程中不要浇水过多。若有过多的水，应迅速沥除，以利于根系呼吸。

总之，在组培苗移栽后养护管理过程中，应综合考虑各种环境因子如光照与温度、湿度与通气状况的相互作用。此外，各种环境因子会随时随地发生变化，管理人员应加强观测，及时调控，才能为组培苗提供最佳的生长环境。

任务 5-5　组培苗观察

📖 **任务目标**

1. 了解组培苗生长过程中存在的问题。
2. 掌握组培苗生长过程中常见问题的解决方法。

📑 **任务描述**

组培苗观察是验证植物组培快繁效果的重要环节，也是对植物组培快繁各环节进行改进的依据。本任务是观察组培苗生长情况，分析和解决组培苗生长过程中出现的问题。

🔍 **材料与用具**

植物组织培养室的各种组培苗。

🔧 **任务实施**

1. 设计观察记录表

学生分组，设计组培苗观察记录表。

2. 组培苗观察

各小组认真观察组培苗，识别正常苗，找出异常苗，进一步判断异常苗属于以下哪种类型。

（1）污染苗

组培苗在组织培养过程中受到真菌、细菌等微生物的侵染时，会在培养容器内滋生大量的菌斑，使组培苗不能正常生长和发育。真菌性污染苗在培养基表面有粉状、毛状菌斑；细菌性污染苗在培养基表面有泪状、脓状菌斑。

（2）褐变苗

首先是培养基变成褐色，然后组培苗随之变褐甚至死亡。

（3）玻璃化苗

玻璃化苗的嫩茎、叶片呈现半透明状和水渍状，且植株矮小、肿胀、失绿，叶片皱缩成纵向卷曲，脆弱易碎。

3. 分析与解决问题

各小组针对观察到的组培苗生长异常情况进行讨论，制订解决方案及植物组培快繁各环节的改进措施。

📊 **考核评价** ··

参照表5-5-1进行考核评价。

表5-5-1 评价表

评价项目	评价标准	分值
准备工作	组培苗观察记录表制订合理	10
污染苗的识别与处理	及时识别并正确处理污染苗	20
褐变苗的识别与处理	及时识别并正确处理褐变苗	20
玻璃化苗的识别与处理	正确识别并处理玻璃化苗	20
分析、解决问题的能力	细心地发现问题，客观地分析问题，合理地解决问题	10
观察记录	规范填写观察记录表，问题描述突出重点	10
团队协作	小组成员分工合理、相互协作、积极思考、认真讨论	10
合　计		100

🚏 **知识链接** ··

植物组织培养过程中，即使每个环节都按规程操作，也会出现一些问题，常见的问题是污染、褐变和玻璃化。

1. 污染

在植物组织培养过程中，由于真菌、细菌等微生物的侵染，在培养基和培养材料表面会滋生大量菌斑，造成培养材料不能正常生长和发育。污染是植物组织培养中最常见和需要首先解决的问题。对于工厂化育苗来说，污染往往是影响生产任务按时完成的主要原因。

（1）污染的类型

造成污染的病原菌主要有细菌和真菌两大类。据此，污染可分为细菌性污染和真菌性污染。

细菌性污染的症状主要表现为：培养基或培养材料表面出现黏液状或浑浊的水迹状菌落，颜色多为白色，与培养基表面界限清楚。细菌性污染一般出现在接种后1~2d。除了培养材料带菌或培养基灭菌不彻底会造成成批培养材料被细菌污染外，接种人员操作不慎也是造成细菌性污染的重要原因。

真菌性污染的症状主要表现为：培养基或培养材料表面出现绒毛状或棉絮状的菌落，与培养基和培养材料的界限不明显，后期形成不同颜色的孢子层。真菌性污染一般在接种3~10d后才能被发现。真菌性污染多由接种室和培养室环境不清洁、超净工作台的过滤装置失效以及培养容器的口径过大等引起。识别污染的类型，可以有针对性地采取措施，从而提高组织培养的成功率。

（2）造成污染的因素

①培养基及各种器具灭菌不彻底。

②外植体消毒不彻底，有杂菌残存。

③未严格遵循无菌操作规程。

④接种室和培养室环境不清洁。

⑤超净工作台操作区域不清洁。

（3）控制污染的措施

①培养基及各种器具彻底灭菌　在对培养基和接种工具灭菌时，要保证达到灭菌的压力、温度和时间要求，确保灭菌质量。接种工具除经过高温灭菌外，在接种过程中每使用一次，均需在酒精灯火焰上彻底灼烧灭菌或放入器械灭菌器中灭菌。

②防止外植体带菌　尽量避免在阴雨天采集外植体；在晴天采集外植体时，下午采集的外植体比早晨采集的污染少，因为日晒可杀死部分细菌或真菌；对于一些容易染菌而又难以消毒的外植体材料，可采取多种药液交替浸泡的方法提高消毒效果；对于一些含有内生菌的枝条，先使其在洁净的环境条件下抽芽，然后从新抽发的芽中取材，有时还需在培养基中加入适量抗生素；有些外植体材料表面有茸毛，在消毒液中滴加几滴吐温-80或吐温-20可使消毒液与材料充分接触，提高消毒效果。

③严格遵守无菌操作规程　接种人员要注意个人卫生，特别是接种前手部要认真清洗，接种时经常用75%乙醇擦拭双手；在酒精灯火焰的有效控制区域内操作；在操作规范的前提下，尽量提高接种速度；接种时，双手不能离开操作台（如果离开，必须用75%乙醇擦拭双手后再接种）；用于外植体表面消毒的烧杯和需要转接的瓶苗，放入超净工作台前用75%乙醇擦拭容器壁，以免其上的微生物引起培养材料的大量污染；超净工作台的操作区不要一次性放入过多待用的培养基，避免气流被挡住；封口时，封口膜不能破损，瓶盖要盖紧。

④保持接种室和培养室环境清洁　在植物组织培养过程中，环境的污染会使各个环节的污染明显增加，严重时会造成培养无法进行。因此，接种室和培养室要定期进行熏蒸灭菌。一般每年熏蒸2~3次，平时可用紫外灯进行照射灭菌或用2%煤酚皂喷雾灭菌，也可用臭氧灭菌机灭菌。

⑤超净工作台定期清洁　定期清洗或更换外部过滤器，内部过滤器不必经常更换，但每隔一段时间要进行操作区的带菌试验；定期测定操作区的风速，保证其达到20~30m/min；每次使用应提前15~20min打开风机，并对操作台面用75%乙醇喷雾灭菌。

2. 褐变

褐变是指在植物组织培养过程中，培养材料向培养基中释放褐色物质，致使培养基逐渐变褐，培养材料也随之变褐死亡的现象。在植物组织培养过程中，褐变现象是普遍存在的，且控制褐变比控制污染和玻璃化更加困难。能否有效地控制褐变是某些植物能否组培成功的关键。

（1）褐变的原因

很多植物尤其是木本植物体内含有较多的酚类化合物。在完整植物体内的细胞中，酚类化合物与多酚氧化酶是分隔存在的，因而比较稳定。当外植体被切割后，切口附近细胞中酚类化合物与多酚氧化酶的分隔被打破，酚类化合物被多酚氧化酶氧化形成褐色的醌类化合物，醌类化合物又在酪氨酸酶的作用下与蛋白质发生聚合，进一步引起其他酶系统失活，导致外植体代谢紊乱，生长受阻，最终逐渐死亡。

（2）影响褐变的因素

①植物材料

植物基因型　在不同植物或同种植物不同品种的组织培养过程中，褐变发生的频率和严重程度存在很大差异，这是由于其细胞内的单宁及其他酚类化合物的含量不同。一般来说，外植体材料中酚类化合物的含量高时，易引起外植体严重褐变。多数木本植物比草本植物易引起褐变，多年生草本植物比一年生草本植物易引起褐变。

外植体的生理状态　外植体的生理状态不同，接种后褐变程度也不同。一般随着生理年龄和木质化程度的增加，褐变程度逐渐加重。因此，幼龄材料一般比成龄材料褐变轻，幼嫩组织比老熟组织褐变轻。

取材时间和部位　植物体内酚类化合物含量和多酚氧化酶活性在不同的生长季节并不相同，一般冬、春季取材褐变较轻，其他季节取材则褐变不同程度地加重。如苹果和核桃冬、春季取材，褐变最轻，夏季取材很容易褐变。在取材部位上，幼嫩茎尖比其他部位褐变程度低，木质化程度高的节段在进行药剂消毒后褐变现象更为严重。

外植体大小及损伤程度　外植体越小，越易发生褐变，相对较大的外植体则褐变较轻。此外，切口越大，酚类化合物的氧化面积越大，褐变就越严重。因此，为了减轻褐变，在切取外植体时，应尽可能减小伤口面积，且伤口应尽可能平整。除机械损伤外，各种消毒剂对外植体的伤害也会引起褐变。对于不易褐变的外植体，用升汞消毒后一般不会引起褐变，但若用次氯酸钠溶液进行消毒，则很容易引起褐变。

②培养基

培养基物态　在液体培养基中，外植体渗出的有害物质可以很快扩散，因而相对于固体培养基，液体培养基可有效解决外植体褐变问题。

无机盐　初代培养过程中，培养基中无机盐浓度过高时，会引起酚类化合物大量外渗，导致外植体褐变。此外，无机盐中有些离子如 Mn^{2+}、Cu^{2+}，是酚类化合物合成与氧化相关酶类的组成成分或辅助因子，因此无机盐浓度过高会使这些酶的活性增加，促进酚类化合物的合成与氧化。在初代培养过程中使用低盐培养基，可以得到较好的减轻褐变的效果。

植物生长调节物质　是影响褐变的主要因素。6-BA 和 KT 不仅能促进酚类化合物的合成，而且能增强多酚氧化酶的活性，从而使褐变加重；而生长素类如 2,4-D 和 IAA，可抑制酚类化合物的合成，减轻褐变。在初代培养过程中不添加植物生长调节物质可减轻褐变。

培养基 pH　pH 下降时，多酚氧化酶活性降低，褐变减轻，而 pH 升高则褐变明显加重。

③培养条件

光照　若光照过强，会使多酚氧化酶活性增强，从而加速褐变的发生。在采集外植体前，将采集部位进行遮光处理，能够有效地抑制褐变的发生。将初代培养材料置于黑暗条件下培养，对抑制褐变的发生也有一定的效果。但是，暗培养时间过长，会降低外植体的生活能力，甚至引起死亡。

温度 高温能促进酚类化合物的氧化，温度越高，培养材料褐变越严重；而低温可抑制多酚氧化酶的活性，减缓酚类化合物氧化，从而减轻褐变。例如，卡特兰在 15～25℃下培养，比在 25℃以上培养褐变轻。

④培养时间 若培养时间过长，会引起酚类化合物的积累，加重对培养材料的伤害。例如，蝴蝶兰、香蕉等随着培养时间的延长，褐变会加重，甚至会引起培养材料的死亡。

（3）褐变的预防措施

①选择适宜的外植体 是减轻褐变的重要手段。不同生理状态和年龄的外植体，在培养过程中褐变的程度不同。外植体应具有较强的分生能力，如实生苗茎尖、枝条顶芽、幼胚等，其褐变程度比较轻；在冬、春季取材，选择褐变程度较小的品种和部位。生长在遮阴处的外植体比生长在全光下的外植体褐变轻，腋生枝上的顶芽比其他部位枝的顶芽褐变轻。

②外植体预处理 对较易褐变的外植体，可采取预处理措施，即先用流水冲洗，然后放置在 5℃左右的冰箱中处理 12～14h。消毒后，接种到只含蔗糖的琼脂培养基中培养 3～7d，使外植体材料中的酚类化合物部分渗入培养基中。取出外植体，用 0.1% 漂白粉溶液浸泡 10min，最后接种到合适的培养基上。

③选择合适的培养基和培养条件 一般降低培养基中无机盐的浓度，减少 6-BA 和 KT 的使用，采取液体培养。在不影响外植体正常生长和分化的前提下，尽量降低温度，减少光照。初期在黑暗或弱光条件下培养，保持较低温度（15～20℃），均可有效减轻褐变。

④添加抗氧化剂或其他抑制剂 在培养基中添加抗氧化剂，或用抗氧化剂对外植体进行预培养，可预防醌类物质的形成，对易褐变材料的培养有很好的辅助作用。常用的抗氧化剂有抗坏血酸、牛血清白蛋白、聚乙烯吡咯烷酮（PVP）、柠檬酸、硫代硫酸钠等。

⑤添加活性炭等吸附剂 在培养基中加入 0.1%～2.5% 的活性炭，利用活性炭的吸附能力来吸附酚类化合物，可减轻褐变。但需注意的是，活性炭在吸附有害物质的同时，也会吸附培养基中的营养物质和植物生长调节物质。

⑥缩短转瓶周期 对于易发生褐变的植物材料，接种后 1～2d 立即转移到新鲜培养基上，可减轻酚类化合物的毒害作用。连续转移 5～6 次，可基本解决外植体褐变的问题。

3. 玻璃化

在植物组织培养过程中，有些组培苗的叶片、嫩梢会呈现透明或半透明水浸状，这种现象称为玻璃化。发生玻璃化的组培苗称为玻璃化苗。

玻璃化是组培苗的一种生理失调症状。与正常苗比较，玻璃化苗最显著的变化就是叶片、嫩梢呈透明或半透明水浸状，植株矮小肿胀、失绿、叶片皱缩、纵向卷曲、脆弱易碎；叶表皮缺少角质层蜡质，没有功能性气孔，不具有栅栏组织，仅有海绵组织；植株体内含水量高，叶绿素、蛋白质、纤维素和木质素含量低。其组织畸形，吸收营养与光合作用的能力不全，分化能力大大减弱，因而很难用作继代培养的材料。此外，由于生根困难，很难移栽成活。

(1)玻璃化发生的原因和影响因素

玻璃化是组培苗在芽分化启动后的生长过程中，碳、氮代谢和水分代谢发生生理性异常所引起。其实质是植物细胞分裂与体积增大的速度超过了干物质生产与积累的速度，因此只好用水分来填充。玻璃化的发生受多种因素的影响，主要如下。

①培养基成分　植物生长需要一定的营养元素，但如果营养元素之间的比例失衡，组培苗的生长就会受到影响。植物种类不同，对营养元素的浓度、离子形态、离子间的比例要求不同。如果培养基中营养元素的种类及其比例不适宜该种植物，玻璃化苗的比例就会增加。一般认为，提高培养基中的碳氮比，可以减小玻璃化苗的比例。

②蔗糖和琼脂浓度　与组培苗玻璃化程度呈负相关。琼脂浓度低时，培养基水分含量大，玻璃化苗比例高，水浸状严重。随着琼脂浓度的增加，玻璃化苗的比例明显减小。但若琼脂加入过多，培养基变硬而影响营养吸收，会导致组培苗生长缓慢，分蘖减少。在一定范围内，蔗糖浓度越高，玻璃化苗产生的概率越低。

③植物生长调节物质　高浓度的细胞分裂素有利于芽的分化，会使玻璃化苗的比例增加。造成组培苗植株内细胞分裂素浓度过高的原因有：一是培养基中加入过多细胞分裂素；二是细胞分裂素与生长素的比例失调，细胞分裂素的含量远高于生长素，导致组培苗吸收过多细胞分裂素；三是经多次继代培养引起的累加效应，通常继代次数越多，玻璃化苗的比例越大。

④培养容器内的湿度与通气条件　组培苗生长期间要求有良好的通气条件。如果培养容器口密闭过严，内外气体交换不畅，造成容器内空气湿度和培养基含水量过高，容易诱发玻璃化苗。一般来说，单位体积内培养的材料越多，组培苗长得越快，玻璃化苗出现的频率就越高。当培养容器内分化的芽丛较多，芽丛长满瓶却不能及时转苗时，容器内空气质量会恶化，CO_2含量增多，此时会很快形成玻璃化苗。

⑤温度　适宜的温度可以使组培苗生长良好。温度过低或过高，都会对组培苗的正常生长和代谢产生影响，促进玻璃化的发生。变温培养时，温度变化幅度大，容易使培养容器内壁形成小水滴，增加容器内湿度，提高玻璃化苗的发生率。

⑥光照　增加光照强度可促进光合作用，增加糖类等营养物质的积累，使玻璃化苗的比例减小；光照不足加上高温，极易引起组培苗过度生长，加速玻璃化。大多数植物的组培苗在光照时间10~12h/d、光照强度1500~2000lx时都能生长良好。每天光照时数大于15h时，玻璃化苗的比例也会明显增加。

(2)预防玻璃化的措施

①适当控制培养基中无机盐的含量　适当增加培养基中钙、锰、锌、铁、铜、镁元素的含量，降低氮和氯元素的含量，特别是降低铵态氮含量，提高硝态氮含量，可以减小玻璃化苗的比例。

②适当提高培养基中蔗糖和琼脂的浓度　适当提高培养基中蔗糖的浓度，可降低培养基的渗透势，从而减少培养材料从培养基中可获得的水分；适当提高培养基中琼脂的浓度，可降低培养基的衬质势，造成细胞吸水阻遏，也可减小玻璃化苗的比例。

③适当降低培养基中细胞分裂素和GA_3的浓度　适当降低细胞分裂素和GA_3的浓

度，或提高生长素的比例，可以减小玻璃化苗的比例。

④培养基中添加其他物质　培养基中适当添加低浓度的多效唑、矮壮素等生长抑制物质，或活性炭、间苯三酚、根皮苷、聚乙烯醇等，可有效减轻或控制玻璃化的发生。如培养基中加入 0.5mg/L 多效唑或 10mg/L 矮壮素，可减少重瓣丝石竹玻璃化苗的发生；加入马铃薯汁、活性炭，可降低油菜玻璃化苗的发生频率；添加 1.5~2.5g/L 聚乙烯醇，为防止苹果组培苗玻璃化的措施。

⑤改善培养容器内的湿度与通气条件　使用透气性好的封口材料，如棉塞、透气性好的封口膜等，加强气体交换，可降低培养容器内的相对湿度。

⑥增加自然光照并控制光照时间　大多数植物，光照时间 8~12h/d、光照强度 1000~1800lx 就可满足组培苗生长的要求。

⑦控制温度　培养过程中避免过高的温度，适当低温处理；昼夜变温培养较恒温培养效果好；热击处理可防止玻璃化苗的发生，如用 40℃ 热击处理瑞香愈伤组织，可完全消除其再生苗的玻璃化，同时还能提高芽的分化频率。

> **小贴士**
>
> ## 植物组织培养过程中其他异常现象及预防措施
>
> 　　除污染、褐变、玻璃化外，黄化、变异或畸形、瘦弱或徒长、材料死亡等也是植物组织培养过程中常见的异常现象(表 5-5-2)。
>
> 表 5-5-2　植物组织培养过程中其他异常现象及预防措施
>
> | 异常现象 | 产生的原因 | 预防措施 |
> | --- | --- | --- |
> | 黄化 | 培养基中铁元素含量不足、矿质营养比例不均衡；植物生长调节物质配比不当；糖类用量不足或长时间不转接；通气状况不良，培养容器内乙烯含量高；光照不足；温度不适宜 | 合理添加营养物质；选择适当的植物生长调节物质种类和浓度；调节温度；增加光照；增加糖类用量，及时转接；减少或不使用抗生素 |
> | 变异或畸形 | 植物生长调节物质种类或浓度不当；环境条件不适；基因型缺陷；继代次数过多或继代时间过长；增殖途径不合适 | 更换植物生长调节物质或改变浓度；改善培养环境；选择不易发生变异的品种；减少继代次数或缩短继代时间；选择不易发生体细胞变异的增殖途径 |
> | 瘦弱或徒长 | 细胞分裂素浓度过高；不定芽没有及时转接；温度过高，通气状况不良；光照不足；培养基水分过多 | 减少细胞分裂素的用量；及时转接不定芽；选择透气性好的封口材料；增加光照强度，延长光照时间；适当增加琼脂用量以增加培养基的硬度 |
> | 材料死亡 | 外植体消毒过度；培养基不适宜或配制过程出现问题；污染杂菌；培养环境恶化 | 选择适当的消毒剂、消毒浓度及消毒时间；选择适宜的培养基配方，并按操作规程配制培养基；注意环境和个人卫生，规范操作；改善培养环境，及时转接 |

不同培养阶段常见问题及解决措施

植物组织培养不同培养阶段会出现各种类型的问题，需要根据外植体不同发育阶段的特点以及培养环境等采取相应的措施。

1. 初代培养常见问题及解决措施

(1) 培养物经长期培养几乎无反应

产生原因：基本培养基不适宜；生长素种类选择不当或用量不足；温度不适宜。

解决措施：更换基本培养基，调整培养基成分，尤其是调整盐离子浓度；增加生长素用量；调整培养室温度。

(2) 培养物水浸状、变色、坏死、茎断面附近干枯

产生原因：消毒剂种类选择不当，或消毒剂浓度过高，或消毒时间过长；外植体选择不当，如外植体类型、外植体采集时间或采集部位等不适宜。

解决措施：更换消毒剂，或降低消毒剂浓度，或缩短消毒时间；更换外植体材料。

(3) 愈伤组织太紧密、平滑(或凸起)、粗厚、生长缓慢

产生原因：生长素或细胞分裂素用量过多；糖浓度过高。

解决措施：减少生长素或细胞分裂素用量，调整细胞分裂素与生长素的比例；降低糖浓度。

(4) 愈伤组织生长过旺、疏松、后期水浸状

产生原因：生长素过量使用；温度偏高；无机盐含量不当。

解决措施：减少生长素用量；适当降低培养室温度；调整无机盐尤其是铵盐的含量；适当增加琼脂用量以增加培养基硬度。

(5) 侧芽不萌发，皮层过于膨大，皮孔长出愈伤组织

产生原因：枝条过嫩；生长素、细胞分裂素用量过多。

解决措施：采用稍老化的枝条；减少生长素、细胞分裂素的用量。

2. 继代培养常见问题及解决措施

(1) 分化出苗过多，生长慢，有畸形苗，节间极短，苗丛密集、微型化

产生原因：细胞分裂素用量过多；温度不适宜。

解决措施：减少细胞分裂素用量或停用一段时间；调整培养室温度。

(2) 分化出苗少，生长慢，分枝少，个别苗细高

产生原因：细胞分裂素用量不够；温度偏高；光照不足。

解决措施：增加细胞分裂素用量；适当降低培养室温度；提高光照强度或增加光照时间；改单芽继代培养为丛生芽继代培养。

(3) 分化出苗较少，苗畸形，培养时间长的苗再次出现愈伤组织

产生原因：生长素用量过多；温度偏高。

预防措施：减少生长素用量；适当降低温度。

(4) 再生苗的叶缘、叶面等处偶有不定芽分化出来

产生原因：细胞分裂素用量过多，或该种植物不适于该种再生方式。

解决措施：适当减少细胞分裂素用量，或分阶段地利用这一再生方式。

（5）丛生苗过于细弱，不能用于生根或移栽

产生原因：细胞分裂素浓度过高或 GA_3 使用不当；温度过高；光照强度不够或光照时间过短；久不转移，生长空间小。

解决措施：减少细胞分裂素用量或不用 GA_3；延长光照时间，增加光照强度；及时转接，降低接种密度；更换封口材料。

（6）幼苗生长无力，叶片脱落或发黄，丛生苗中有死苗

产生原因：温度不适；植物生长调节物质配比不当；培养容器内气体状况恶化；久不转接导致营养缺乏。

解决措施：控制温度；调整植物生长调节物质配比和营养元素浓度；改善培养容器内气体状况；及时转接，降低接种密度。

（7）幼苗淡绿，部分失绿

产生原因：无机盐含量不足或比例失调；pH 不适宜；光照或温度不适。

解决措施：针对营养元素缺乏情况调整培养基配方；调整培养基 pH；控制温度和光照。

（8）幼苗叶片粗厚、变脆

产生原因：生长素或细胞分裂素用量过多。

解决措施：减少生长素或细胞分裂素用量，避免叶片接触培养基。

3. 生根培养常见问题及解决措施

（1）培养物久不生根，基部有伤口

产生原因：生长素种类选择不当或用量不当；pH 不适宜；无机盐浓度和配比不当；生根部位通气不好。

解决措施：选择适当的生长素种类和浓度；适当降低无机盐浓度；调整培养基 pH；改用滤纸桥生根。

（2）愈伤组织生长过快、过大，根部肿胀或畸形、多根并连或愈合

产生原因：生长素种类选择不当或用量不当，或伴有细胞分裂素用量过多；生根培养程序不当。

解决措施：更换生长素或几种生长素配合使用，降低细胞分裂素浓度；改变生根培养程序。

💡 复习思考题 ••

1. 继代培养的增殖方式有哪些？
2. 影响继代培养的因素有哪些？
3. 组培苗有哪些特点？怎样进行组培苗的驯化？
4. 组培苗为什么会发生污染？如何控制污染的发生？
5. 影响褐变的因素有哪些？如何预防褐变？
6. 什么是玻璃化现象？如何预防？
7. 如何提高组培苗的移栽成活率？

项目6

植物脱毒

　　病毒病是植物的重要病害种类之一，会使植物的生长受到抑制，品质降低，产量减少，甚至给生产带来毁灭性的打击。其造成的损失仅次于真菌病害。病毒病至今没有特效药剂能够防除。通过茎尖培养、热处理等方法，可脱除植物体内的病毒，使植物恢复原有特性，生长健壮，产量大幅度提高，并且品质得到改善。本项目主要学习植物脱毒的各技术环节，即首先对外植体材料进行脱毒，然后对脱毒处理后的材料进行鉴定，最后对无毒苗进行大量繁殖。

》知识目标

　　1. 了解脱毒苗的概念及培育脱毒苗的意义。
　　2. 掌握茎尖培养脱毒和热处理脱毒的原理。
　　3. 了解脱毒苗脱毒效果的鉴定方法。
　　4. 了解脱毒苗的保存与繁殖方法。

》技能目标

　　1. 能根据植物的特性选择合适的脱毒方法。
　　2. 能够独立完成茎尖培养脱毒的操作过程。
　　3. 能熟练运用指示植物鉴定法鉴定脱毒苗的脱毒效果。

任务 6-1 热处理脱毒和茎尖培养脱毒

任务目标

1. 掌握茎尖培养脱毒的方法。
2. 掌握热处理脱毒的方法。
3. 了解植物其他脱毒方法。

任务描述

植物脱毒是植物组织培养的关键领域之一，脱毒方法包括热处理和茎尖培养等。本任务以马铃薯块茎作为培养材料，在熟悉植物组织培养基本操作的基础上，完成热处理和茎尖培养脱毒的全过程，达到种苗脱毒复壮的目的。

材料与用具

马铃薯块茎；75%乙醇、2%次氯酸钠溶液、0.1%升汞溶液、无菌水；超净工作台、解剖镜、光照培养架、剪刀、镊子、解剖刀、解剖针、器械灭菌器、无菌滤纸、灭菌的培养基、无菌培养皿等。

任务实施

1. 制订方案

学生分组，在教师指导下制订植物脱毒实施方案，做好人员分工。

2. 热处理脱毒

将马铃薯块茎置于人工气候箱或培养箱内使其萌发，待芽长至1~2cm时，根据要脱除的病毒种类进行热处理。

脱除马铃薯X病毒(PVX)和马铃薯S病毒(PVS)：在35℃下处理1~4周。

脱除马铃薯卷叶病毒(PLRV)：40℃(处理4h)与16~20℃(处理20h)交替变温处理。

3. 茎尖培养脱毒

（1）外植体选择与消毒

选取热处理后新抽出枝条上带顶芽或腋芽的茎段，用自来水冲洗1h后，在超净工作台上先用75%乙醇浸泡10~30s，然后用2%次氯酸钠溶液浸泡5~10min，再用无菌水冲洗3~5次，最后用无菌滤纸吸干表面的水分。

（2）茎尖剥离与接种

在无菌条件下，借助解剖镜，用解剖针将幼叶和大的叶原基剥掉，直至露出半球形的生长点。用解剖刀切取长0.2~0.3mm、带1~2个叶原基的茎尖，迅速接种到培养基上。在温度20~25℃、光照时间16h/d、光照强度2000~3000lx的条件下培养。多数品种培养1个月左右可再生为带小叶的小植株。

4. 清理现场

安排值日生清理现场。要求设备、用具归位，现场整洁，记录填写完整。

考核评价

参照表 6-1-1 进行考核评价。

表 6-1-1　评价表

评价项目	评价标准	分值
准备工作	培养基配制及灭菌操作规范，接种室及超净工作台消毒到位，设备、用品等准备齐全	20
热处理脱毒	热处理温度与时间合适	20
茎尖培养脱毒	外植体选择恰当，消毒操作规范、熟练	20
	茎尖大小适宜，接种迅速、操作规范	20
文明、安全操作	操作文明、安全，器皿和用具摆放有序，场地整洁	10
团队协作	小组成员分工明确、相互协作、积极思考、认真讨论	10
合　计		100

知识链接

1. 植物病毒的危害及培育脱毒苗的意义

世界上受病毒危害的植物很多，如粮食作物中的水稻、马铃薯、甘薯等，经济作物中的油菜、百合、大蒜等。病毒的危害给作物生产带来了重大的损失。如草莓病毒病可使草莓产量大大降低，品种严重退化；葡萄扇叶病毒可使葡萄减产 10%～18%；危害马铃薯的病毒有几十种，给马铃薯生产带来严重危害。

园艺植物常用无性繁殖的方法繁殖苗木，即利用茎（块茎、球茎、鳞茎、根茎、匍匐茎）、根（块根、宿根）、枝、叶、芽（内芽、珠芽、顶芽、腋芽、不定芽）等通过嫁接、分株、扦插、压条等方法来进行繁殖，通过营养体将病毒传递给后代，导致危害逐年加重。此外，园艺植物产地比较集中，通常呈规模化集约栽培，且易连作，加重了土壤传染性病毒和线虫传染性病毒的危害。20 世纪 50 年代，人们发现通过组织培养可以脱除植物体内的病毒。六七十年代，这项技术在花卉、蔬菜和果树生产中得到广泛应用，成为培育脱毒苗的根本途径。

所谓脱毒苗，又称无病毒苗，是指不含有影响该种植物产量和品质的主要危害病毒的苗木，即经检测主要病毒在植物内的存在表现为阴性反应的苗木。因此，准确地说，脱毒苗是特定无病毒苗，也称鉴定苗。

培育脱毒苗，不仅可以去除病毒，还可以去除真菌、细菌及线虫，使种性得以恢复，植株生长健壮，抗逆性增强，从而减少化肥和农药使用量，降低生产成本，保护环境，形成良性生态循环。

2. 常用植物脱毒方法

（1）茎尖培养脱毒

①茎尖培养脱毒原理　在染病植株体内，病毒的分布并不均匀，病毒的数量因植株部位及年龄而异。越靠近根尖和茎尖，病毒的感染程度越低，生长点（根尖和茎尖 0.1~1mm 区域）则几乎不含或含很少病毒。这是因为病毒在植物体内随着维管束系统转移，而根尖和茎尖分生组织中没有维管束系统，病毒只能通过胞间连丝传递，其移动速度远不及细胞分裂的速度。

不同植物或同一植物要脱去不同病毒所需的茎尖大小不同。通常茎尖培养的脱毒效果与茎尖大小呈负相关，而茎尖培养的成活率则与茎尖大小呈正相关。因为茎尖分生组织不能合成自身生长所需的生长素，而分生组织以下的叶原基可合成并向分生组织提供生长素、细胞分裂素，因而带叶原基的茎尖生长快，成苗率高。但茎尖越大，脱毒效果越差。实践中既要考虑脱毒效果，又要提高其成活率，因此通常以带 1~2 个叶原基的茎尖（0.2~0.5mm）作外植体。

②茎尖培养脱毒操作流程

外植体选取与预处理　品种是茎尖脱毒培养的关键因素之一。不同品种的产量、品质特性及对病毒侵染的反应不同，直接影响到脱除病毒后植株的增产效果和应用年限。因此，茎尖脱毒培养的母株应选择品质好、产量高、适应性强、抗病毒能力强的品种。要考虑母株是否具有原品种的典型特征，这关系到培养的脱毒苗是否失真；还要考虑染病的轻重和携带病毒的多少。通常做法是：取材前定期给植株喷施多菌灵等内吸型杀菌剂，并采取相应的保护栽培措施。例如，将母株放入温室或大棚内栽培，或剪取植株的插条，在干净的室内插入 Knop 溶液中水培并杀菌后取茎尖。

外植体采集与消毒　外植体最好从母株外围或顶端生长活跃的枝梢上切取，顶芽、侧芽均可。鳞片及幼叶包被紧实的芽，如菊花、兰花等的芽，只需在 75%乙醇中浸蘸一下即可；而叶片包被松散的芽，如香石竹、马铃薯等的芽，先用流水冲洗干净，再用 1%~3%次氯酸钠溶液或 0.1%升汞溶液浸泡 8~10min，最后用无菌水冲洗 3~5 次。

茎尖剥离与接种　将消毒后的外植体放到铺有灭菌湿滤纸的无菌培养皿中，置于解剖镜下，剥离叶原基，露出光亮、半圆球形的茎尖分生组织。用解剖刀小心地将带有 1~2 个叶原基的茎尖（0.2~0.5mm）切下，然后将其接种到培养基上。剥离茎尖时动作要迅速，避免茎尖长时间暴露在超净工作台的无菌风下失水变干。

接种后的茎尖在温度 25℃±2℃、光照强度 1500~5000lx、光照时间 10~16h/d 的条件下培养，一般 2 个月左右形成芽。芽的形成方式有萌发侧芽和形成不定芽两种，再生途径为无菌短枝型，后续培养与茎段培养相同。

③影响茎尖培养脱毒的因素

外植体大小和生理状态　茎尖大小直接影响脱毒效果，以不带叶原基的生长点脱毒效果最好。但茎尖大小与茎尖培养的成活率和茎叶分化生长的能力呈正相关，茎尖过小时，培养不易成活。

外植体的生理状态也是影响茎尖培养的重要因素。茎尖分生组织最好取自活跃生长的茎芽。一般顶芽的脱毒效果比侧芽好，生长旺季的芽比休眠芽或快进入休眠的芽脱毒效果好。

培养基和培养条件　一般以 White 培养基和 MS 培养基作为基本培养基，适当提高钾盐和铵盐的含量，有利于茎尖的生长。较大的茎尖在不含植物生长调节物质的培养基上也能形成完整植株，但加入 0.1~0.5mg/L 的生长素或细胞分裂素或二者兼有常常对茎尖培养有利。

在茎尖培养过程中，培养温度一般为 23~27℃。不同植物茎尖培养适宜的光照强度与光周期不同，但光培养效果通常比暗培养效果好。在培养初期，茎尖非常小，光照应弱一些；随着茎尖的生长和叶片的展开，光照强度应逐渐增大，以利于展开的叶片充分地进行光合作用合成有机物质。

（2）热处理脱毒

①热处理脱毒原理　热处理脱毒又称温热疗法，是利用病毒和寄主植物对高温忍耐性的差异，将寄主植物置于温度高于正常环境温度的条件下（35~40℃），使植株体内的病毒全部或部分钝化，而寄主植物基本不受到伤害，从而达到脱毒的目的。需注意的是，每种植物都有其临界温度范围，超出这一临界温度范围或在此范围内处理时间过长，会导致寄主植物组织受损。热处理脱毒对设备要求不高，操作简单，应用广泛，但存在脱毒时间长、脱毒不彻底等缺点，并且具有一定的局限性，一般只能脱除球状病毒（如葡萄扇叶病毒、苹果花叶病毒）和类菌质体，而无法脱除杆状病毒（如烟草花叶病毒）和线状病毒。

②热处理脱毒方法

温汤浸渍处理　将要脱除病毒的植株置于 50℃ 左右的热水中浸渍几分钟至数小时，即可使病毒失活。这种方法简便易行，成本低，但易使植株受损伤（若水温达到 55℃，大部分植物细胞会被杀死）。适用于甘蔗、木本植物的休眠器官的脱毒。

热空气处理　是将受病毒感染的植物用 35~40℃ 的热空气处理 2~4 周或更长时间来脱除病毒的方法。一般在光照培养箱中进行处理。最重要的影响因素是处理的温度和时间。不同的植物和病毒种类，热处理的温度和时间有所差异。如香石竹在 38℃ 下处理 2 个月可以脱除茎尖所含病毒，马铃薯在 37℃ 下处理 20d 即可除去马铃薯卷叶病毒。

🎯 **小贴士**

　　通常情况下，处理温度越高、时间越长，脱毒效果就越好，但植物的存活率却呈下降的趋势。这是因为在进行热处理时，连续的高温往往会使寄主植物受到伤害。变温热处理不仅能降低植株的死亡率，而且脱毒效果比恒温热处理好。如马铃薯每天 40℃ 处理 4h、16~20℃ 处理 20h，既可清除芽眼中的病毒，又可保持芽眼的活力。

（3）热处理结合茎尖培养脱毒

为了克服茎尖培养脱毒存活率低和热处理脱毒不彻底的缺点，目前生产中常采用热处理和茎尖培养相结合的方法脱毒。热处理可以使植物的顶端无病毒区域扩大，有利于切取较大茎尖（长 1mm 左右），从而能够提高茎尖培养或嫁接的成活率。

热处理可以在茎尖培养之前在母株上进行，也可以在茎尖培养期间进行。母株热处理可以使植株快速生长。茎尖培养期间热处理，切取的茎尖比不经热处理的大，这样既可以保证较高的脱毒率，又可以提高茎尖培养的存活率和再生植株数。目前，热处理结合茎尖培养脱毒法已成功地用于蔬菜、花卉和果树等的脱毒。

拓展学习

其他脱毒方法

1. 茎尖微体嫁接脱毒

茎尖微体嫁接脱毒是在无菌条件下，把直径为 0.4~1.0mm 的无病毒茎尖嫁接于培养基中生长的实生砧木上，待茎尖发育后，获得具有茎尖母体性状的脱毒植株的方法。这种脱毒方法主要适用于那些在离体条件下难以生根的木本植物。无病毒茎尖包括解剖镜下剥离的染病植株茎尖和热处理植株的茎尖，其中以热处理植株的茎尖微体嫁接脱毒应用最多，目前已在柑橘、苹果等果树上获得成功，并且有的已在生产上广泛应用。

茎尖微体嫁接脱毒对茎尖剥离技术要求很高。嫁接的成活率与茎尖的大小呈正相关，而脱毒效果与茎尖大小呈负相关（一般小于 0.2mm 的茎尖可以脱除多数病毒），并与茎尖剥离技术密切相关。选择茎尖微体嫁接脱毒的培养基时，必须考虑到砧木和茎尖对营养物质的不同要求，才能收到良好效果。茎尖微体嫁接脱毒的效果还与茎尖的取材季节密切相关，不同取材季节嫁接成活率不同。如苹果 4~6 月取材，嫁接成活率较高；10 月到翌年 3 月取材，成活率低。

茎尖微体嫁接脱毒技术难度较大，不易掌握，但随着新技术的发展与完善，茎尖微体嫁接脱毒将会取得更大发展。

2. 愈伤组织培养脱毒

在由感染病毒的器官和组织所诱导形成的愈伤组织中，并非所有的细胞都带有病毒。如对感染烟草花叶病毒的愈伤组织进行机械分离，结果显示仅有 40% 的单个细胞含有病毒。其原因可能是病毒的复制速度赶不上细胞的增殖速度，也可能是有些细胞通过突变获得了抗病毒的特性。因此，从愈伤组织再分化产生的小植株中可以得到一定比例的脱毒苗。该方法的缺点是植株的遗传性不稳定，可能会产生变异植株，并且一些作物的愈伤组织尚不能产生再生植株。

3. 珠心胚培养脱毒

珠心胚培养脱毒大多应用在果树上，且常用在柑橘类果树上。普通植物卵细胞受精产生的种子绝大多数只形成一个胚，而柑橘类多胚品种的种子常形成多胚，且其中只有一个胚是受精后产生的有性胚，其余是珠心细胞形成的无性胚，称为珠心胚。病毒常通过维管束的韧皮组织在植物体内传递，在细胞间转移很慢，而珠心胚与维管束系统没有直接联系，因此用组织培养的方法培养珠心胚，可以得到脱除病毒的植株。而且由于珠心胚来源于母本的体细胞，用珠心胚培养得到的脱毒苗可以保持母本的遗传特性。但珠心胚一般不能发育成熟，必须从胚珠中取出进行离体培养才能发育成正常的幼苗。利用这一技术，可以脱除柑橘的主要病毒（包括热处理不能去除的病毒）与类病毒。

4. 花药培养脱毒

花药培养的一般程序是先诱导愈伤组织形成，再分化产生根、芽或胚状体，最终形成小植株。由于经过愈伤组织诱导阶段，加之形成雄性配子体的小孢子母细胞在植物体内属于高度活跃、不断分化生长的细胞，因此从理论上来讲，花药培养形成的植株很少或几乎不含病毒。目前，草莓花药培养脱毒技术已成为国内外草莓脱毒苗培育的主要技术之一。

任务 6-2 脱毒苗鉴定

📖 任务目标

1. 了解脱毒苗各鉴定方法的原理。
2. 掌握脱毒苗指示植物鉴定法。

📄 任务描述

脱毒苗鉴定是指将受病毒侵染的植株通过茎尖培养或热处理脱毒后，运用先进的、科学的鉴定技术检测植株是否残留病毒，以达到培育无病毒植株的目的。本任务主要采用指示植物鉴定法中的汁液涂抹法对马铃薯脱毒苗进行鉴定。

🔍 材料与用具

经脱毒处理的马铃薯组培苗、指示植物千日红种子；0.1mol/L 磷酸缓冲液（pH 7.0）、无菌水；600 目金刚砂、栽培基质、花盆、300 目防虫网室、研钵、剪刀、嫁接刀、嫁接夹、脱脂棉、棉棒等。

📑 任务实施

1. 栽植指示植物

防虫网室内，在花盆中播种指示植物千日红种子（播种用的基质要事先消毒），当实生苗长出后 10 周左右，即可用于鉴定。

2. 叶片研磨

从经脱毒处理的马铃薯组培苗上剪取 8~10 个叶片，置于研钵中，加入 10mL 无菌水及等量的 0.1mol/L 磷酸缓冲液，研磨成匀浆后，加入少量 600 目金刚砂（作为指示植物叶片的摩擦剂）。

3. 汁液涂抹

用笔尖在准备接种的千日红叶片上打一个小孔作为记号，然后用棉棒蘸取少许上述匀浆液，在千日红叶片上轻轻涂抹 2~3 次进行接种。接种后静置 5min，用无菌水将叶片上的残余匀浆液轻轻冲洗干净，再将千日红植株移入防虫网室内培养。培养温度为 20~24℃，植株与其他植物间要留一定距离。

4. 观察记录

汁液涂抹 1 周后，观察千日红叶片是否出现症状。若出现枯斑或花叶等症状，表明马铃薯组培苗脱毒效果不佳，需进一步进行脱毒处理；若无症状出现，则表明马铃薯组培苗已脱去病毒。由于组培苗经过脱毒处理后，有的植株体内虽病毒浓度大大降低，但并未完全脱除病毒，因此必须在防虫网室内进行一定时间的栽种后，再次进行脱毒鉴定。

📊 **考核评价** ···

参照表6-2-1进行考核评价。

表6-2-1 评价表

评价项目	评价标准	分值
指示植物准备	指示植物种类选择正确，栽植方法正确，实生苗生长健壮，符合规格要求	20
待鉴定脱毒苗准备	待鉴定脱毒苗准备充分，编号清晰	20
汁液涂抹	汁液制备及涂抹操作正确，动作娴熟、迅速，力度适当，叶片损伤率不超过3%	30
观察判断	定期观察，正确判断病斑类型及待鉴定脱毒苗脱毒情况	10
文明、安全操作	操作文明、安全，器皿和用具摆放有序，场地整洁	10
团队协作	小组成员分工明确、相互协作、积极思考、认真讨论	10
合　　计		100

🚩 **知识链接** ···

采取各种脱毒方法获得脱毒苗后，必须经过严格的鉴定才能确定植株是否真正脱毒。鉴定方法有直接观察鉴定法、指示植物鉴定法、抗血清鉴定法、酶联免疫吸附检测法、电子显微镜鉴定法和分子生物学鉴定法等。目前，生产上广泛使用的是指示植物鉴定法，实验研究往往采用抗血清鉴定法、酶联免疫吸附检测法等。

1. 直接观察鉴定法

直接观察鉴定法是观察待鉴定植株茎叶上有无某种特定病毒引起的可见症状（如矮缩病毒可引起寄主植物叶片褪绿、坏死、扭曲及植株矮缩，花叶病毒可引起寄主植物叶脉间褪绿），以判断病毒是否存在的一种方法。该方法具有简便、直观、准确的优点，但由于某些寄主植物感染病毒后需要较长的时间才表现出症状，甚至有的病毒并不会使寄主植物出现明显的症状，因而该方法无法用于快速检测，并且不能用于剔除潜隐性病毒。

2. 指示植物鉴定法

当原始寄主植物感染病毒后症状不明显时，可用指示植物鉴定法进行鉴定。指示植物是指对某种病毒反应敏感，并表现出明显症状的植物。也就是说，指示植物感染病毒后比原始寄主植物更容易表现出症状。指示植物一般有两种类型：一种是接种病毒后，病毒可扩散到植物非接种部位，产生系统性症状，通常没有局部病斑；另一种是接种病毒后只产生局部病斑，常出现坏死、退绿或环状病斑等症状。

指示植物又可分为草本指示植物和木本指示植物。草本指示植物一般采用汁液涂抹法鉴定和小叶嫁接法鉴定，木本指示植物通常采用双重芽接法和双重切接法鉴定。由于不同病毒的寄生范围不同，所以应根据病毒的种类选择适宜的指示植物。

（1）草本指示植物鉴定

①汁液涂抹法　取经脱毒处理的植株幼叶 1～3g，加少量无菌水及等量 0.1mol/L 磷酸缓冲液（pH 7.0），研磨成匀浆后用双层纱布过滤。在指示植物叶片上涂一薄层 500～600 目的金刚砂，然后用脱脂棉球或手指蘸滤液在指示植物叶片上轻轻摩擦，以滤液进入叶片表皮细胞又不损伤叶片为度。5min 后，用无菌水冲洗掉叶面残留的滤液及金刚砂。将接种后的指示植物置于防虫网室中，温度控制在 15～25℃，2～6d 后即可表现症状。若无症状出现，则初步判断经脱毒处理的植株已脱除病毒，但必须进行多次重复鉴定，只有经多次重复鉴定均未发现携带病毒的植株，才能进一步扩大繁殖，供生产应用。

②小叶嫁接法　多用于草莓等常用无性繁殖且采用汁液涂抹法鉴定比较困难的草本植物。先从经脱毒处理的植株上剪取成熟叶，去掉两边小叶，留中间小叶柄 1.0～1.5cm，用锋利的刀片把叶柄削成楔形作为接穗。然后选取生长健壮的指示植物，剪去中间小叶作为砧木。再把接穗接于砧木上，用薄膜包扎接口后，整株套上塑料袋保温、保湿。嫁接成活后去掉塑料袋，逐步剪除指示植物上的老叶，观察新叶上出现的症状。

（2）木本指示植物鉴定

①双重芽接法　8月中下旬从经脱毒处理的植株上剪取 1 年生枝条作为接穗，先将其上的芽片削成盾形，嫁接在砧木基部距地面 5cm 左右处（每株经脱毒处理的植株在同一砧木上嫁接 1～2 个芽片）。然后剥取指示植物的芽片嫁接在经脱毒处理的植株芽片的上方，两芽片相距 2～3cm。嫁接后 15～20d，检查接芽成活情况。若指示植物的接芽未成活，需进行补接。待指示植物的接芽成活后，剪去指示植物接芽部位以上的砧木。翌年发芽后，摘除经脱毒处理的植株接芽的生长点，促进指示植物接芽的生长，并观察其是否有症状出现（图 6-2-1）。

②双重切接法　多在春季进行。在休眠期剪取指示植物和经脱毒处理的植株的接穗，萌芽前分别把带有两个芽的指示植物接穗与经脱毒处理的植株接穗同时切接到实生砧木上，指示植物接穗在经脱毒处理的植株接穗上方。为了促进伤口愈合，提高成活率，可在嫁接后套上塑料袋保温、保湿（图 6-2-2）。此方法的缺点是对嫁接技术要求高，嫁接速度慢，成活率低。

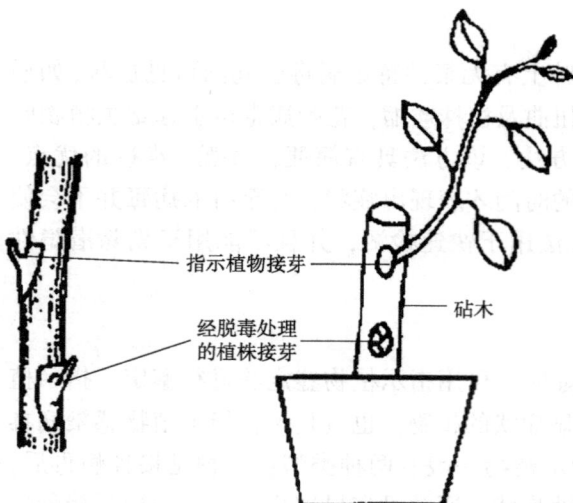

图 6-2-1　双重芽接法

指示植物接芽
砧木
经脱毒处理
的植株接芽

3. 抗血清鉴定法

（1）原理

凡能刺激动物机体产生免疫反应的物质，均称为抗原。抗体则是由抗

原刺激动物机体的免疫活性细胞而产生的一种具有
免疫特性的球蛋白，能与抗原发生专一性免疫反应。
由于抗体存在于动物机体的血清中，故又称为抗血
清。植物病毒为一种核蛋白复合体，因此具有抗原
的作用，能刺激动物机体的免疫活性细胞产生抗体。
同时，由于植物病毒抗体具有高度的专一性，无论
是显性病毒还是隐性病毒，都可以通过血清学的检
测方法准确地判断其存在与否、存在的部位和数量。
由于特异性高、检测速度快(几分钟至几小时就可完
成检测)，抗血清鉴定法已成为植物病毒鉴定常用的
方法之一。

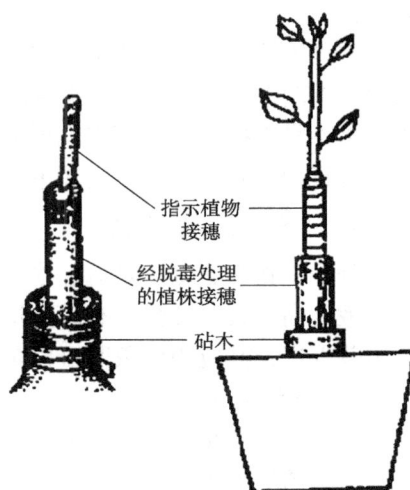

图 6-2-2　双重切接法

（2）操作流程

①植物病毒抗体制备　方法是：先提取、纯化
植物病毒，然后将高纯度植物病毒注射到动物(如家
兔、山羊、小鼠)体内，再从动物血清中提取和纯化抗体。

②试管沉淀　将按系列稀释的植物病毒抗体和经脱毒处理植株的提纯滤液(即抗原)
等量混合后分别放入试管，然后将试管底部浸入37℃水中形成温差，促进抗原与抗体充
分反应形成沉淀。若植物病毒为线状病毒，抗原与抗体反应产生絮状沉淀；若植物病毒
为球状病毒，抗原与抗体反应形成致密的颗粒状沉淀。需注意的是，抗原与抗体必须在
比例适当时才能形成这种沉淀。

③凝胶扩散反应　将适量的抗体与琼脂混合，浇注成凝胶板，凝固后在凝胶板上打
孔，孔中加入抗原。抗原向孔的四周扩散，当抗原与凝胶中的抗体以最适宜的比例相遇
时，就会在凝胶中形成肉眼可见的沉淀带。如果几种抗原和其相应的抗体同时存在，由
于不同抗原的扩散系数不同，可以达到分离鉴定的目的。

4. 酶联免疫吸附检测法

酶联免疫吸附检测法是血清学检测方法中的一种，是把抗原、抗体的免疫反应与酶
的催化反应相结合而发展起来的。其基本原理是用以酶标记的特异性抗体来指示抗原与
抗体的结合。即将经脱毒处理植株的提纯滤液(抗原)注入固相载体(酶联板)中，使抗原
吸附于孔壁，然后加入以酶标记的特异性抗体。待抗原与抗体充分反应后，洗去未与抗
原结合的多余抗体，留在固相载体表面的是以酶标记的抗原抗体复合物。酶催化无色底
物降解生成有色产物或沉淀物，有色产物可用比色法定量测定，沉淀物可用肉眼观察或
通过光学显微镜识别。

5. 电子显微镜鉴定法

电子显微镜可以直接检测经脱毒处理植株体内有无病毒的存在，并根据所观察到的
病毒的形状、大小对病毒种类进行鉴定。具体操作为：直接用经脱毒处理植株的汁液与
电子密度高的负染色剂混合，然后点在电子显微镜铜网上(选用合适的支持膜)观察，或
将植物材料制成超薄切片，再分别在1500倍、2000倍、3000倍显微镜下观察，就可以
清楚地看到细胞内的各种细胞器中有无病毒存在，并可得知有关病毒颗粒的大小、形状

和结构。

这种方法比指示植物鉴定法直观、快速，但也有其不足，如病毒易与细胞器和其他成分（如蛋白纤维）混淆，且病毒浓度低时不易观察到。另外，电子显微镜价格昂贵，操作技术不易掌握。对于不表现可见症状的潜隐性病毒，抗血清鉴定法和电子显微镜鉴定法是可行的鉴定方法。在实践中，往往将几种方法联合使用，以提高检测的可信度。

6. 分子生物学鉴定法

分子生物学鉴定法是通过检测病毒核酸来证实病毒的存在。该方法比血清学检测方法灵敏度高，特异性强，有着更快的检测速度，可用于大量样品的检测。另外，该方法适用范围广，其应用对象既可以是 DNA 病毒和 RNA 病毒，也可以是类病毒。

（1）核酸斑点杂交技术

核酸斑点杂交技术是根据互补的核酸单链可以相互结合的原理，将一段与植物病毒核酸互补的核酸单链以某种方式加以标记制成探针，与从经脱毒处理植株中提取的核酸杂交，带探针的杂交物可以检测有无指示病原的存在，从而确定经脱毒处理植株体内有无该病毒。该方法特异性强，灵敏度高，可检测大量样品。缺点是在检测大量样品时，探针的分离比较困难。

（2）双链 RNA(dsRNA)电泳技术

在受 RNA 病毒侵染的植物体内，病毒在增殖过程中通过核酸互补形成复制形式的双链 RNA(dsRNA)，而在健康植株中未发现病毒的 dsRNA，因此病毒的 dsRNA 可作为病毒检测的标志。病毒的 dsRNA 经提纯、电泳、染色后，在凝胶上所显示的谱带可以反映病毒组群的特异性，并且有些单个病毒的 dsRNA 在电泳图谱上也显示一定的特征。因此，利用病毒 dsRNA 的电泳图谱可以确定有无病毒存在。该方法具有快速、灵敏、简便等优点，既可有效地检测已知和未知的病毒，又不受寄主植物的影响，还可以检测类病毒。

（3）聚合酶链式反应技术

聚合酶链式反应(PCR)是 1985 年由美国 Cetus 公司 Mullis 等人开发的专利技术，它能快速、简便地在体外扩增特定的 DNA 片段，具有高度的专一性和灵敏度。该技术用于植物病毒的检测具有特异性强、灵敏度高、快速、简便的特点，但同时存在假阳性偏高的问题，因此需要与其他方法配合进行综合鉴定。此外，虽然 PCR 及其相关技术用于植物病毒的检测操作简便，但需建立在对病毒的分子背景相当了解的基础上。随着研究的不断深入及分子生物学的快速发展，PCR 技术将在植物病毒的检测方面发挥更大的作用。

👤✓ **拓展学习** ....

脱毒苗保存与繁殖

1. 脱毒苗保存

通过不同脱毒方法所获得的植株，经过鉴定不含特定病毒者，即脱毒原原种。脱毒原原种只是脱除了原母株上的特定病毒，抗病毒能力并未增强，因而在自然条件下很容易再次受到病毒侵染而丧失其利用价值。因此，必须将脱毒原原种按照正确的方法进行保存。

（1）隔离保存

植物病毒的传播媒介主要是昆虫和土壤线虫等。因此，应将脱毒原原种种植在防虫网室内保存。防虫网室要用300目的防虫纱网罩好，网眼孔径为0.4~0.5mm，这样才能防止昆虫进入。防虫网室内部要保持清洁，定期喷施杀虫剂，且土壤要进行严格灭菌，以保证脱毒原原种是在与病毒严密隔离的条件下种植。有条件的地方，可以将脱毒原原种保存在气候凉爽、虫害少的岛屿或高冷山地。脱毒原原种即使在隔离区内种植，仍有重新感染病毒的可能性，因此要定期进行病毒检测，一旦发现病株，要及时清除，防止病毒扩散。该方法可以保存脱毒苗5~10年。

（2）离体保存

离体保存是指对离体培养的小植株、器官、组织等接种到培养基上，采用限制、延缓或停止其生长的措施，以长期保存脱毒苗及其他优质良种的方法。

①低温保存　将茎尖或小植株接种到培养基上，培养一段时间后置于低温（1~9℃）、低光照条件下保存。低温保存的植物材料生长极缓慢，只需半年或一年更换一次培养基即可。此法又称最小生长法。

②超低温保存　又称冷冻保存，是将植物材料采用一定的方法处理后，在超低温（一般指液氮温度，-196℃）条件下进行保存的方法。降温冷冻和化冻过程最易对植物材料造成伤害，原因主要有两个方面：一是细胞内部结冰，会造成细胞结构的破坏，导致细胞死亡；二是由于细胞质最初是高渗透压的，降温冷冻时一般先导致细胞外结冰，这便增加了细胞外溶液的浓度，从而使细胞膜内外的渗透压发生转变，细胞失水，并逐渐变为脱水状态。植物材料在超低温下之所以可以长期保存，并能在离开保存环境后正常地进行细胞分裂和分化，就是因为在超低温冰冻过程中避免了细胞内水分结冰，并且在解冻过程中防止细胞内水分的次生结冰。

（3）生长抑制保存

生长抑制保存是在培养基中加入生长抑制剂以减缓培养材料生长，达到长期保存目的的方法。常用的生长抑制剂有ABA、青鲜素、矮壮素、多效唑、烯效唑、丁酰肼等，它们可以有效控制和延缓培养材料的生长速度，延长继代培养周期。生长抑制剂不仅可以使组培苗生长缓慢，而且可以使其生长健壮、叶色浓绿、移栽成活率极大提高。

2. 脱毒苗繁殖

对于经检测不含特定病毒的脱毒苗，除了保存一部分之外，还要进行田间繁殖，以满足生产的需要。脱毒组培苗出瓶移栽后的苗木称为原原种，一般在科研单位的防虫网室内保存；原原种繁殖的苗木称为原种，多在县级以上良种繁殖基地保存；由原种繁殖的苗木作为脱毒苗提供给生产者栽培。脱毒苗可以在培养室内进行切段快速繁殖，也可以在防虫温室或网室内栽培，以苗繁苗，在短时间内繁育出大量脱毒苗。下面以甘薯为例，介绍脱毒苗的繁殖方法。

（1）原原种繁殖

将脱毒甘薯组培苗移栽到营养钵中，置于室温驯化5~7d后，按株距5cm、行距5cm栽植，温度控制在25℃左右。待苗长到高15~20cm时，剪成2叶一节的插穗扦插，以苗繁苗。

用脱毒甘薯组培苗及其扩繁苗在防虫网室栽植，所结的种薯为脱毒甘薯原原种。生产脱毒甘薯原原种要求具备3个条件：一是必须用脱毒甘薯组培苗；二是必须在40目以上(孔径0.35mm以下)防虫网室内栽植；三是栽植地块的土壤必须无病源。要在防虫网室内种指示植物(如牵牛)，如果指示植物表现出染病症状，整个网室内繁殖的种薯均应降级使用。原原种收获前逐株观察是否表现染病症状，一旦发现病株，立即清除，以确保原原种质量。

一般原原种数量少，价格较高。因此，原原种最好在防虫温室或塑料网棚内加温育苗。春季气温回升后，要在防虫网室内建采苗圃，以扩大繁殖面积，降低生产成本，加快原原种苗繁殖速度。

(2)原种繁殖

原原种繁殖成本高，生产的种薯数量有限，远不能满足生产需要，因此需要把原原种扩大繁殖，生产一级原种和二级原种。用脱毒甘薯原原种苗在500m内无普通甘薯的隔离条件下栽植，所结种薯为脱毒甘薯原种。周围应种少量指示植物，观察是否有病源存在，如发生蚜虫传播，种薯应降级使用。脱毒甘薯原种苗繁殖可用温室、温床、大棚等建采苗圃，以苗繁苗，提高繁殖系数。

(3)良种繁殖

用脱毒甘薯原种苗在大田种植夏薯，收获的种薯为一级良种，即大面积生产用种。用一级良种育苗栽植夏薯，收获的种薯为二级良种。二级良种育苗供大田生产纯商品薯，纯商品薯不能再作种薯。一般良种在生产上连续使用2年，第三年由于病毒再侵染，要进行更新换代。

💡 复习思考题 ··

1. 植物脱毒的方法主要有哪些？各有何特点？
2. 植物茎尖培养脱毒的原理是什么？其影响因素有哪些？
3. 热处理脱毒的原理是什么？
4. 草本指示植物与木本指示植物鉴定脱毒苗时，在操作方法上有何不同？
5. 脱毒苗如何进行保存和繁殖？

项目7

花卉组培快繁

　　我国是世界上最大的花卉生产基地，同时正在成为新兴的花卉消费市场。随着人们生活水平的提高，花卉受到越来越多人的青睐，赏花、养花、食花已成为许多人的爱好。

　　组织培养与传统繁殖方式相比，具有不受季节限制且用材少、繁殖速度快等特点。例如，月季如果用播种繁殖，要经过3~4年才能开花；但用组织培养的方式，当年就能开花，而且能保持母株原有的优良性状。一些采用传统无性繁殖方法繁殖的花卉，如香石竹、菊花、郁金香、水仙、百合、鸢尾等，长期的营养繁殖易导致病毒积累，使危害加重，影响了花卉的观赏价值；但由于植物的茎尖生长点几乎不含或含极少病毒，所以用茎尖培养是获得无病毒植株的重要途径。花卉组培快繁技术已经成为现代花卉产业的一项实用科学技术，利用组织培养技术大规模生产优质种苗已成为必然趋势。本项目通过对菊花、蝴蝶兰、香石竹、百合等名优花卉进行组培快繁，学习花卉组培快繁技术，为名优珍稀花卉的种苗繁育提供技术支持。

≫ 知识目标

1. 掌握菊花、蝴蝶兰、香石竹等常见花卉的组培快繁技术。
2. 熟悉组培苗的特点，掌握提高组培苗移栽成活率的措施。
3. 熟悉芽、茎尖、茎段等器官的培养方法与影响因素。

≫ 技能目标

1. 能熟练配制菊花、蝴蝶兰等组培快繁各阶段的培养基。
2. 能够从事花卉组培快繁试验或工厂化生产。

任务 7-1 菊花组培快繁

📖 任务目标

了解菊花组培快繁的方法与步骤；掌握菊花的组培快繁技术。

📄 任务描述

菊花为菊科菊属多年生宿根草本植物；原产于我国，是我国的传统名花和世界五大切花之一，现已成为全世界普遍栽培的重要花卉。菊花品种繁多，花色丰富，姿态各异，是优良的观赏盆花和秋季花坛、花台，以及组合盆花群的重要材料，也可用来制作花束、花环等，具有很高的观赏价值。随着市场需求的急剧增加，传统的繁殖方式已不能满足市场发展的需要。植物组织培养具有繁殖效率高、繁殖速度快等特点，能够在短时间内繁殖出大量性状一致的优质种苗，以满足市场对菊花种苗的需求。本任务以菊花茎尖和茎段作为外植体，直接诱导产生丛生芽，然后进行继代增殖培养完成菊花植株的再生过程。

🔍 材料与用具

菊花植株；MS 培养基母液、蔗糖、琼脂、70%乙醇、8%次氯酸钠溶液、无菌水；烧杯、量筒、移液管、培养瓶；电磁炉、天平、酸度计、高压蒸汽灭菌锅、超净工作台、酒精灯；接种工具、器械灭菌器、无菌滤纸、标签或记号笔等。

🌱 任务实施

1. 培养基配制

初代培养基：MS+6-BA 2.0~3.0mg/L+NAA 0.02~0.2mg/L+蔗糖 3%+琼脂 0.7%。

继代培养基：MS+6-BA 0.5mg/L+NAA 0.1mg/L+蔗糖 3%+琼脂 0.7%。

生根培养基：1/2MS+NAA 0~0.5mg/L+蔗糖 3%+琼脂 0.7%。

2. 外植体选取与消毒

菊花的茎尖、茎段、侧芽、叶片、花序轴、花瓣等都能作为外植体再生植株。如以快速繁殖为目的，最好采用茎尖或茎段作外植体；以脱毒为目的，则只能用茎尖作为外植体。

（1）茎尖培养

选取品种优良、生长健壮的植株，切取顶芽或腋芽的茎段 3~5cm，去掉展开的叶片，保留带有腋芽的嫩叶柄。先用洗衣粉液洗涤，腋芽的叶柄处用软毛刷刷洗，再用自来水冲洗干净。在超净工作台中，先用 70%乙醇浸泡 30s，然后用无菌水冲洗 1 次，再用 0.1%升汞溶液浸泡 8~10min，最后用无菌水冲洗 4~5 次，置于无菌滤纸上吸干水分备用。在超净工作台中借助解剖镜剥取长 0.2~0.5mm、带有 1~2 个叶原基的茎尖。

（2）茎段培养

选取无病虫害、生长健壮的植株，取材前 2~3 周将选好的植株置于温室内培养，注意不要对叶面喷水，这样可以提高灭菌的成功率。切取带腋芽的茎段，除去叶片，只留一小段叶柄。初步切割后用洗衣粉液洗涤 3 次，然后用自来水冲干净，再在超净工作台中将其放入 8% 次氯酸钠溶液中浸泡 8min，并不时摇动，最后用无菌水冲洗 3 次，置于无菌滤纸上吸干水分备用。

3. 初代培养

将消毒后的外植体迅速接种到初代培养基上。培养温度 23~28℃，光照强度 1000~4000lx，光照时间 12~16h/d。一般培养 4~6 周后，茎尖和腋芽即可萌发产生大量的丛生芽。

4. 继代培养

将嫩茎剪成 1 节带 1 叶的茎段，然后将茎段基部插入继代培养基，4 周后腋芽即可长成新的小植株。再照上述方法切割茎段，重复培养，增殖倍数在 5 倍以上。经过 3 个月左右的扩繁，一般能达到月生产 2000~3000 株组培苗的生产量基数，从而达到快繁的目的。

5. 生根培养

菊花无根苗生根一般较容易，通常在继代培养基上久不转移即可生根，但这种根的根毛较少或无，不利于将来移栽和生长，所以常用下列方法处理。

(1)试管生根

切取 3cm 左右无根嫩茎，接种到生根培养基中，经 2 周即可生根，生根率达 100%。

(2)扦插生根

利用菊花嫩茎易于生根的特点，可免去组培生根的工序。剪取高 2~3cm 的无根苗，插植到珍珠岩或蛭石等基质中(基质事先用生根激素溶液浸透)，10d 后生根率可达 95%~100%。

6. 驯化移栽

用镊子轻轻取出组培苗，用流水将根部附着的培养基冲洗干净，然后栽入准备好的基质中。基质要求疏松、肥沃、透气。移栽后 6~10d 内应适当遮阴，避免阳光直射，温度保持在 25~28℃，空气湿度 90% 以上。随着幼苗的生长，逐渐降低空气湿度和基质含水量。

考核评价

参照表 7-1-1 进行考核评价。

表 7-1-1 评价表

评价项目	评价标准	分值
准备工作	材料与用具准备合理、齐全，人员分工合理、有序	10
培养基配制	各种培养基标注正确、清晰；灭菌温度、时间设置正确，操作规范	20
外植体选择与消毒	外植体选择与处理合理；消毒操作熟练、到位	20
接种	材料大小适宜，符合标准；无菌操作规范、熟练	20
驯化移栽	操作熟练、正确，无材料损伤、浪费情况；管理适当	10
文明、安全操作	操作文明、安全，器皿和用具摆放有序，场地整洁	10
团队协作	小组成员分工明确、相互协作、积极思考、认真讨论	10
合　计		100

任务 7-2 蝴蝶兰组培快繁

📖 任务目标

了解蝴蝶兰花梗诱导原球茎的培养过程；掌握蝴蝶兰组培快繁技术。

📑 任务描述

蝴蝶兰为兰科蝴蝶兰属多年生草本花卉，其花形奇特，花色艳丽，色泽丰富，花期持久，素有"兰中皇后"之美誉，具有极高的观赏价值和经济价值，在国内外花卉市场上极受欢迎。蝴蝶兰属于单茎性附生兰，植株上极少发育侧枝，比其他种类的兰花更难于进行常规的分株繁殖。同时，蝴蝶兰的种子非常细小，胚乳和胚发育不完全，只有一层极薄的种皮，且种皮透明度差、含有抑制物，在自然条件下很难萌发。因此，采用组织培养技术快速繁殖种苗，是目前蝴蝶兰繁殖唯一且有效的方法，能够在较短的时间内获得大量的优质种苗，服务于花卉生产。本任务以蝴蝶兰带腋芽的花梗切段为外植体，通过丛生芽增殖型途径获得蝴蝶兰组培快繁无性系，进而获得商品苗。

📇 材料与用具

优质带花蝴蝶兰植株、香蕉；MS培养基母液、蔗糖、琼脂、70%乙醇、0.1%升汞溶液、无菌水；烧杯、量筒、移液管、培养瓶；电磁炉、天平、酸度计、高压蒸汽灭菌锅、超净工作台、接种工具、器械灭菌器；无菌滤纸、记号笔等。

📇 任务实施

1. 培养基配制

初代培养基：MS+6-BA 3.0mg/L+NAA 0.2mg/L+蔗糖3%+琼脂0.7%。

继代培养基：MS+6-BA 5.0mg/L+NAA 0.5mg/L+蔗糖3%+琼脂0.7%。

生根培养基：1/2MS+NAA 0.1mg/L+香蕉8%+蔗糖2%+琼脂0.7%。

2. 外植体选择与消毒

选择长势健壮、根系发达、花梗粗壮的蝴蝶兰植株。当花梗长至5~10cm时，剪取整个花梗。将剪下的花梗用自来水冲洗干净后，剪成长2~3cm、带有节的小段，在超净工作台中先将小段用70%乙醇浸泡30s，然后用无菌水冲洗1次，再用0.1%升汞溶液浸泡8~10min，最后用无菌水冲洗3~5次，并用无菌滤纸吸干表面水分。

3. 初代培养

将消毒后的花梗小段切成长约2cm、带饱满腋芽的切段接种到初代培养基上。培养温度27~30℃，光照强度2000lx，光照时间10~16h/d。1周左右休眠芽变肥大，10d左右腋芽陆续萌动。从腋芽萌发到芽长到1cm左右需要2~3周，1个月后可长到1.5cm。

4. 继代培养

将初代培养诱导产生的丛生芽从花梗切下，剪成单芽后转接到继代培养基中，约

50d左右可形成新的丛生芽。每40~50d继代增殖一次，增殖倍数为3~4。如出现褐变现象，可事先在培养基中加入200mg/L谷胱甘肽。

5. 生根培养

当无根苗长出2~3片叶、叶长1~2cm时，将丛生芽单个分开接种到生根培养基中，20d后芽基部长出小根，40d后根变得粗壮，生根率95%以上。

6. 驯化移栽

当组培苗具有3~4条粗壮的根时，可以驯化移栽。先将组培苗移出培养室，置于通风、明亮的驯化室进行炼苗。15d后打开瓶盖，每天早、中、晚各喷水一次，保证足够的空气湿度。3d后用镊子将组培苗轻轻夹出，洗去根部附着的培养基，然后用50%多菌灵可湿性粉剂1500倍液浸泡5~10min，再用镊子夹住幼苗根部种植于消毒后的椰糠、苔藓等基质中。环境温度保持在25~28℃，相对湿度70%~80%，避免阳光直射。当长出新叶和新根时，每周用0.3%~0.5%磷酸二氢钾进行叶面施肥一次，成苗率可达95%。

📊 考核评价 ···

参照表7-2-1进行考核评价。

表7-2-1 评价表

评价项目	评价标准	分值
准备工作	材料与用具准备合理、齐全，人员分工合理、有序	10
培养基配制	各种培养基标注正确、清晰；灭菌温度、时间设置正确，操作规范	20
外植体选择与消毒	外植体选择与处理合理；消毒流程正确、操作到位	20
接种	材料大小适宜，符合标准；接种操作规范、熟练	20
驯化移栽	操作熟练、正确，无材料损伤、浪费情况；管理适当	10
文明、安全操作	操作文明、安全，器皿和用具摆放有序，场地整洁	10
团队协作	小组成员分工明确、相互协作、积极思考、认真讨论	10
合　　计		100

任务 7-3 大花蕙兰组培快繁

📖 任务目标 ···

熟悉大花蕙兰原球茎诱导技术；掌握大花蕙兰组培快繁操作流程。

📋 任务描述 ···

大花蕙兰为兰科兰属多年生草本植物，是世界上五大重要商品兰花之一。大花蕙兰花大，花形规整、丰满，色泽鲜艳，花茎直立，花期长，每株能开出 10 余朵花，是盆栽和切花的良好材料，具有很高的观赏价值。由于大花蕙兰多为杂交种，种子繁殖无法保持品种的优良性状，并且种子极小，很难萌发，同时分株繁殖十分缓慢，因而繁殖系数低，繁殖速度慢，远不能满足商品化生产的需求。目前，商业化生产大花蕙兰主要通过植物组织培养或无菌播种两种方式获得大花蕙兰商品苗。本任务以大花蕙兰茎尖为外植体，通过原球茎诱导、原球茎分化，最终获得大花蕙兰组培苗。

材料与用具

大花蕙兰植株；MS 培养基母液、蔗糖、琼脂、70%乙醇、0.1%升汞溶液、8%漂白粉溶液、无菌水；烧杯、量筒、移液管、培养瓶；电磁炉、酸度计、天平、高压蒸汽灭菌锅、超净工作台、接种工具、器械灭菌器；无菌滤纸、记号笔等。

任务实施

1. 培养基配制

初代培养基：MS+6-BA 4.0mg/L+NAA 2.0mg/L+蔗糖 3%+琼脂 0.7%。

继代培养基：MS+6-BA 0.5~2.0mg/L+NAA 0.2~1.0mg/L+蔗糖 3%+琼脂 0.7%。

生根培养基：1/2MS+IBA 2.0mg/L+肌醇 100mg/L+蔗糖 3%+琼脂 0.7%。

2. 外植体选择与消毒

大花蕙兰的种子、茎尖和侧芽都可以作为外植体。种子萌发率可达 90%，但由于种子繁殖会产生变异，因此一般只用于大花蕙兰的杂交育种。商品化生产主要以茎尖和侧芽作为外植体。

取假鳞茎上新生的侧芽，用肥皂粉溶液刷洗表面后用流水冲洗干净。在无菌条件下，剥去外层苞片，露出芽体，先用 70%乙醇擦洗 3~4s，然后放入 0.1%升汞溶液或 8%漂白粉溶液中消毒 20min，再用无菌水冲洗干净，接种到初代培养基上。或在无菌条件下，切下长 1.0~2.0mm 的茎尖接种到初代培养基上。

3. 初代培养

培养温度 25~27℃，光照强度 1000~1500lx，光照时间 12~16h/d。大花蕙兰茎尖不易引起褐变，初代培养不需要频繁转瓶。茎尖接种 2 周后，略见膨大。1 个月后，茎尖上出现颗粒状的原球茎，有的长出小芽。

4. 继代培养

将原球茎和小芽丛切割后转接到继代培养基上进行培养。原球茎接入培养基中 15d 后开始增殖，25d 后形成许多原球茎，35d 后就可以转接。原球茎及时转接可以避免幼苗分化。分化的幼苗可进行生根培养，也可切取芽继续当原球茎使用。

5. 生根培养

将高 2cm 左右的小苗从基部切下，转接到生根培养基上诱导生根。培养温度 24~26℃，光照强度 1000~1800lx，光照时间 12~14h/d。30d 后小苗便可生根，生根率可达 90%。

6. 驯化移栽

当组培苗高 6~7cm、长出 2~4 片叶和 3~4 条根时，即可移栽。把组培苗带瓶移入驯化室内，3~4d 后打开瓶盖(也可往瓶内喷些自来水，让组培苗更快适应温度的变化和有菌的环境)，放置 3~4d 后进行移栽。移栽时，用清水洗净根部的培养基，栽植于灭过菌的苔藓、树皮、椰糠等基质中。刚栽植的植株最好遮光 50%，温度 20℃左右，空气湿度 90% 以上，且注意通风。一般移栽成活率可达 95%。

考核评价 ....

参照表 7-3-1 进行考核评价。

表 7-3-1 评价表

评价项目	评价标准	分值
准备工作	材料与用具准备合理、齐全，人员分工合理、有序	10
培养基配制	各种培养基标注正确、清晰；灭菌温度、时间设置正确，操作规范	20
外植体选择与消毒	外植体选择与处理合理；材料消毒流程正确、操作到位	20
接种	材料大小适宜，符合标准；接种操作规范、熟练	20
驯化移栽	操作熟练、正确，无材料损伤、浪费情况；管理适当	10
文明、安全操作	操作文明、安全，器皿和用具摆放有序，场地整洁	10
团队协作	小组成员分工明确、相互协作、积极思考、认真讨论	10
合　　计		100

任务 7-4 香石竹组培快繁

任务目标 ....

熟悉香石竹组培快繁的基本知识；掌握香石竹组培快繁操作流程。

任务描述 ....

香石竹又名康乃馨，为石竹科石竹属多年生宿根草本花卉。其花朵雍容富丽，姿态高雅别致，色彩绚丽娇艳，香气清香优雅，观赏价值极高，是著名的世界五大切花之一，市场需求量很大。香石竹常规的繁殖方式为扦插繁殖，长期的营养繁殖使得香石竹受病毒危害严重，产花量降低，且切花质量变劣。本任务以香石竹茎尖为外植体，通过茎尖分生组织培养，最终获得大量的脱毒组培苗，使香石竹的切花产量和质量有较大幅度的提高。

材料与用具

香石竹植株；MS 培养基母液、蔗糖、琼脂、70%乙醇、0.1%升汞溶液、2%次氯酸钠溶液、无菌水；烧杯、量筒、移液管、培养瓶；电磁炉、天平、酸度计、高压蒸汽灭菌锅、超净工作台、解剖镜、接种工具、器械灭菌器；无菌滤纸、记号笔等。

任务实施

1. 培养基配制

初代培养基：MS+6-BA 2.0mg/L+NAA 0.2mg/L+蔗糖 3%+琼脂 0.7%。

继代培养基：MS+6-BA 0.5mg/L+NAA 0.1mg/L+蔗糖 3%+琼脂 0.7%。

生根培养基：1/2MS+NAA 0.2mg/L+活性炭 0.1%+蔗糖 3%+琼脂 0.7%。

2. 外植体选择与消毒

从田间或温室中长势健壮、无病虫的香石竹植株上选择较粗壮且处在营养生长阶段、带有 2~3 对成熟叶片的嫩芽，剥去成熟叶片，在清水中冲洗后，先用 70%乙醇浸泡 1min，然后用无菌水冲洗 1 次，再用 2%次氯酸钠溶液浸泡 15min，或用 0.1%升汞溶液浸泡 8~10min，最后用无菌水冲洗 3~5 次，并用无菌滤纸吸干水分后备用。

3. 初代培养

在超净工作台中剥开嫩叶，切取 0.5cm 大小的茎尖，立即接种到初代培养基上。培养温度 23~25℃，光照强度 1000~2000lx，光照时间 16h/d。接种 3~4d 后，茎尖芽点开始转绿，1 周后膨大，并逐渐长成小芽丛，25~40d 后开始展叶。

4. 继代培养

将初代培养长出的芽切下，接种于继代培养基中，每隔 30d 增殖一次，每个芽可增殖 4~6 个芽。

5. 生根培养

将高度 2cm 左右、生长正常的小芽切下，接种于生根培养基中，多数品种 12~15d 后可长出 3~5 条根，可用于移栽。

6. 驯化移栽

当组培苗根长 0.5~1.0cm 时，可进行驯化移栽。先在驯化室内自然光照、温度和湿度条件下驯化 4~5d，然后打开瓶盖继续驯化 2~3d。移栽基质要求疏松、通气和排水良好，使用前还需进行消毒处理。移栽时，用镊子取出组培苗，尽量不要伤根，轻轻洗去附着在根部的培养基。用细竹签在基质上打孔，将组培苗栽入孔中。栽后覆盖薄膜保湿，1 周后逐步揭膜通风并每天定时喷水保湿。移栽 2 周后，每周喷一次营养液，以促进小苗生长，提高移栽成活率。

考核评价

参照表 7-4-1 进行考核评价。

表 7-4-1 评价表

评价项目	评价标准	分值
准备工作	材料与用具准备合理、齐全，人员分工合理、有序	10
培养基配制	各种培养基标注正确、清晰；灭菌温度、时间设置正确，操作规范	20
外植体选择与消毒	外植体选择与处理合理；消毒操作熟练、到位	20
接种	茎尖剥离操作熟练、正确，大小适宜，接种迅速、方法正确	20
驯化移栽	驯化移栽操作熟练、正确，无材料损伤、浪费情况；管理适当	10
文明、安全操作	操作文明、安全，器皿和用具摆放有序，场地整洁	10
团队协作	小组成员分工明确、相互协作、积极思考、认真讨论	10
合　计		100

任务 7-5 百合组培快繁

📖 任务目标

了解百合组培快繁的基本知识；掌握百合组培快繁技术。

📑 任务描述

百合为百合科百合属多年生球根类草本花卉，其花姿优雅，是名贵的切花。百合常规主要靠小鳞茎进行分株繁殖，一株百合每年只能得到 1~3 个鳞茎，繁殖速度非常缓慢。同时，由于百合长期进行无性繁殖，病毒经年积累影响品质。因此，组织培养在百合的引种栽培、优良品种快速繁殖、去毒复壮以及新品种培育等方面，都发挥着极大的作用。本任务以百合鳞片为外植体，通过器官发生型途径再生完整植株。

🔍 材料与用具

百合鳞茎；MS 培养基母液、蔗糖、琼脂、70%乙醇、0.1%升汞溶液、无菌水；烧杯、量筒、移液管、培养瓶；天平、电磁炉、酸度计、高压蒸汽灭菌锅、超净工作台、接种工具、器械灭菌器；无菌滤纸、记号笔等。

📋 任务实施

1. 培养基配制

诱导培养基：MS+6-BA 1.0mg/L+NAA 0.1mg/L+KT 0.1mg/L+蔗糖 3%+琼脂 0.7%。
继代培养基：MS+6-BA 1.0mg/L+NAA 0.2mg/L+KT 0.5mg/L+蔗糖 3%+琼脂 0.7%。
生根培养基：MS+NAA 0.1mg/L-蔗糖 3%+琼脂 0.7%。

2. 外植体选择与消毒

百合的很多器官、组织都可以作为外植体，如鳞片、叶片、子房、种子、花梗、花托、花瓣、花柱、花药等。为了加快百合组培苗繁育的进程，降低操作难度，一般选用百合鳞片作为外植体。选择生长健壮、开花性状良好的植株，取其饱满鳞茎。先将鳞茎清理干净，用自来水冲洗后，在超净工作台中用70%乙醇浸泡5~30s，然后用无菌水冲洗1次，再用0.1%升汞溶液浸泡8~10min，最后用无菌水冲洗4~5次，并用无菌滤纸吸干表面水分后备用。

3. 初代培养

将消毒后的百合鳞茎切成约1cm²的小块，靠近鳞茎盘的一端作为形态学下端接种到初代培养基上，在温度24~26℃、光照强度1000~2000lx、光照时间16h/d的条件下培养。10~15d后，在鳞片内表面可长出小鳞茎。

4. 继代培养

（1）由鳞片切块诱导成苗

鳞片切块接种后，一般先分化出黄绿色或绿色、球形、凸起的小芽点，继而芽点逐渐增大成小鳞茎，并可长出小叶片，形成芽丛，生根后即可从培养瓶中取出，移栽于营养钵或大田。也可将小鳞茎继代培养扩大繁殖。

（2）由叶片诱导成苗

由鳞片切块诱导分化出芽丛后，在超净工作台中取其无菌叶片接种于培养基中，培养15d后即可分化出带根的小鳞茎。培养2个月后，每个单叶片形成的小鳞茎一般可分化出带有根系的丛生小鳞茎4~6个。

（3）由愈伤组织诱导成苗

上述外植体在分化成苗的过程中，常常增殖出颗粒状、似胚性细胞团的愈伤组织。该愈伤组织在继代培养中，一方面不断地增殖为相似的愈伤组织，另一方面不断地分化成苗。一般每个培养瓶中的愈伤组织可分化成苗20~40株。

5. 生根培养

将生长健壮的无根苗从基部切下，接种到生根培养基中，培养10~15d后即可诱导出根系。

6. 驯化移栽

当组培苗根长1~2cm，将其放于温室进行炼苗。先不开盖放置2~3d，再打开瓶盖驯化2~3d。驯化后，取出小苗，洗去根部的培养基，移入灭菌的基质(腐殖土和沙土比例为1：1)中，保持温度20~25℃，湿度70%以上，50%的自然光照，成活率可达90%。

考核评价 ··········

参照表7-5-1进行考核评价。

表 7-5-1　评价表

评价项目	评价标准	分值
准备工作	材料与用具准备合理、齐全，人员分工合理、有序	10
培养基配制	各种培养基标注正确、清晰；灭菌温度、时间设置正确，操作规范	20
外植体选择与消毒	百合鳞茎选择与处理合理，消毒操作熟练、到位	20
接种	材料大小适宜，接种操作规范、熟练	20
驯化移栽	操作规范，无材料损伤、浪费情况	10
文明、安全操作	操作文明、安全，器皿和用具摆放有序，场地整洁	10
团队协作	小组成员分工明确、相互协作、积极思考、认真讨论	10
合　　计		100

任务 7-6　红掌组培快繁

📖 **任务目标** ··

熟悉红掌组培快繁的基本知识；掌握红掌组培快繁操作流程。

📑 **任务描述** ··

红掌又名安祖花、花烛、火鹤花等，为天南星科花烛属多年生附生常绿草本花卉。红掌叶形别致，佛焰花序色泽鲜艳、造型奇特，花期长，经济价值高，是观叶与观花俱佳的高档切花和盆栽花卉，深受消费者喜欢。随着红掌的热销，其种苗的需求量不断增加，但由于红掌种子繁殖时间较长，人工授粉较难，同时分株繁殖的繁殖系数很低，远远不能满足市场的需求，组培快繁技术成为红掌种苗工厂化生产的主要手段。本任务以红掌叶片为外植体，经过器官发生型途径再生植株。

🔍 **材料与用具** ··

红掌植株；MS 培养基母液、蔗糖、琼脂、70%乙醇、0.1%升汞溶液、无菌水；烧杯、量筒、移液管、培养瓶；天平、电磁炉、酸度计、高压蒸汽灭菌锅、超净工作台、酒精灯、接种工具、器械灭菌器；无菌滤纸、记号笔等。

🔧 **任务实施** ··

1. 培养基配制

初代培养基：MS+6-BA 1.0mg/L+2,4-D 0.2mg/L+蔗糖 3%+琼脂 0.7%。
分化培养基：MS+6-BA 1.0mg/L+KT 0.1mg/L+NAA 0.5mg/L+蔗糖 3%+琼脂 0.7%。
继代培养基：MS+6-BA 1.0mg/L+NAA 0.3mg/L+蔗糖 3%+琼脂 0.7%。
生根培养基：1/2MS+NAA 0.5mg/L+蔗糖 3%+琼脂 0.7%。

2. 外植体选择与消毒

选择红掌刚展开的幼嫩叶片，用流水冲洗 10min 后，在超净工作台中先用 70%乙醇浸泡30s，然后用无菌水冲洗1次，再用0.1%升汞溶液浸泡8~10min，最后用无菌水冲洗4~5次，并用无菌滤纸吸干表面水分。

3. 初代培养

将灭菌后的叶片切成1cm×1cm的小块，叶背朝下，接种到初代培养基中，然后置于24~28℃条件下培养。先暗培养3~5d，然后给予光照，一般30~50d便可出现淡黄色的愈伤组织。将愈伤组织切块转接到不定芽分化培养基中，经过4周左右，愈伤组织表面出现绿色突起，进而产生不定芽。再经过2周，许多芽点可分化成小芽。

4. 继代培养

将产生不定芽的愈伤组织或芽生长点分化形成的小芽切下，转接至继代培养基中，不定芽继续发育为丛生芽，并逐渐形成幼苗。也可反复切割、反复培养进行多代扩繁。

5. 生根培养

当丛生芽长到2.5~3.0cm、具有3~4片叶时，可将其切成单株接种到生根培养基上诱导生根。红掌生根一般较容易，30d后即可长出3~4条根，生根率可达100%。

6. 驯化移栽

当组培苗高4cm左右、有3条以上根、不定根长2cm以上时，即可进行驯化移栽。先将组培苗移至温室中闭瓶驯化5d左右，然后开瓶驯化2d，再将组培苗轻轻取出并洗去根部附着的培养基，最后移植于灭过菌的混合基质中（草炭、珍珠岩、河沙比例为1：2：1）。用1%多菌灵溶液喷雾至叶面滴液后，覆膜控温保湿（温度25~30℃，相对湿度80%~90%），遮光75%。待长出新叶后开始通风，逐渐拆膜。薄膜全揭开后进行常规管理，待小苗长出3片以上新叶后，即可上盆或定植。

📊 考核评价 ....

参照表7-6-1进行考核评价。

表7-6-1 评价表

评价项目	评价标准	分值
准备工作	材料与用具准备合理、齐全，人员分工合理、有序	10
培养基配制	各种培养基标注正确、清晰；灭菌温度、时间设置正确，操作规范	20
外植体选择与消毒	红掌叶片选择与处理合理，消毒操作熟练、到位	20
接种	材料大小适宜，接种操作规范、熟练	20
驯化移栽	操作规范，无材料损伤、浪费情况	10
文明、安全操作	操作文明、安全，器皿和用具摆放有序，场地整洁	10
团队协作	小组成员分工明确、相互协作、积极思考、认真讨论	10
合　　计		100

任务 7-1 月季组培快繁

任务目标

熟悉月季组培快繁的基本知识；掌握月季组培快繁操作技术。

任务描述

月季为蔷薇科蔷薇属常绿或半常绿直立或攀缘灌木，每年可多次开花。月季不仅是我国十大名花之一，素有"花中皇后"之美誉，也是世界五大切花之首，是国际市场上非常流行的切花种类。月季的用途很广泛，除用香水月季作切花外，还用藤本月季布置长廊、拱门，用灌丛月季作绿篱，用丰花月季布置花坛，用微型月季作盆花等。当前，许多国家都在用组织培养技术来繁殖月季的优良品种，加速月季品种的更新换代。本任务以月季带芽茎段为外植体，通过无菌短枝型途径再生月季植株。

材料与用具

月季幼嫩枝条；MS培养基母液、蔗糖、琼脂、70%乙醇、0.1%升汞溶液、无菌水；烧杯、量筒、移液管、培养瓶；天平、电磁炉、酸度计、高压蒸汽灭菌锅、超净工作台、接种工具、器械灭菌器；无菌滤纸、记号笔等。

任务实施

1. 培养基配制

初代培养基：MS+6-BA 0.5~1.0mg/L+蔗糖3%+琼脂0.7%。

继代培养基：MS+6-BA 1.0~2.0mg/L+NAA 0.1mg/L+蔗糖3%+琼脂0.7%。

壮苗培养基：MS+6-BA 0.3mg/L+NAA 0.1mg/L+蔗糖3%+琼脂0.7%。

生根培养基：1/2MS+NAA 0.2mg/L+活性炭3%+蔗糖3%+琼脂0.7%。

2. 外植体选择与消毒

选取生长健壮的月季当年生枝条，取其带饱满、未萌发芽的茎段作为外植体（枝条顶部和基部的侧芽萌发能力较差，中上部的芽较好）。剪去枝条上的叶片及叶柄，用自来水冲洗干净后，在无菌条件下先用70%乙醇消毒30s，然后用0.1%升汞溶液消毒8~10min，再用无菌水冲洗3~5次，并用无菌滤纸吸干水分备用。

3. 初代培养

将消毒后的枝条切成长1~2cm、带腋芽的茎段，接种到初代培养基上。培养温度21~25℃，光照强度2000lx，光照时间12~14h/d。培养7d左右腋芽开始萌发，茎尖展叶生长，20d后长至1~2cm。

4. 继代培养

经初代培养萌发的芽会不断长大，并可从茎段上分化出3~4个不定芽，这时可通过侧芽增殖和不定芽再生方式进行继代营养。切下不定芽或将幼芽分切成每段含1~2个节的茎段，转入继代培养基中，每隔 4 周继代一次。增殖率根据品种不同有很大的差异，低的为 2~3 倍，高的为 10 余倍。对于增殖率过高的品种，丛生芽都比较细弱，一般需要转入壮苗培养基中进行壮苗培养，再转入生根培养基中。

5. 生根培养

将继代增殖的丛生苗切成长为 2.0~3.0cm 的单株，转入生根培养基中，7~10d 后便可生根。当根长 0.5cm、有 2~4 条白色的根系时，即可驯化移栽。

6. 驯化移栽

将组培苗小心取出，洗去根部附着的培养基，移栽到用草炭与蛭石按 1∶1 配制的基质(0.2%高锰酸钾进行消毒)中。移栽后保持空气湿度 90%以上，环境温度 18~25℃。移栽 1 周后，可追施一些稀薄的液肥。待小苗成活并开始长新梢以后，肥水浓度可适当提高，并去除遮阳网。移栽后 45~60d，苗高 5.0~8.0cm 时，可移入田间或花盆内定植。

考核评价

参照表 7-7-1 进行考核评价。

表 7-7-1　评价表

评价项目	评价标准	分值
准备工作	材料与用具准备合理、齐全，人员分工合理、有序	10
培养基配制	各种培养基标注正确、清晰；灭菌温度、时间设置正确，操作规范	20
外植体消毒	月季茎段选择与处理合理，消毒操作熟练、到位	20
接种	材料大小适宜，接种操作规范、熟练	20
驯化移栽	操作规范，无材料损伤、浪费情况	10
文明、安全操作	操作文明、安全，器皿和用具摆放有序，场地整洁	10
团队协作	小组成员分工明确、相互协作、积极思考、认真讨论	10
合　　计		100

复习思考题

1. 简要说明菊花组培快繁的操作流程。
2. 简要说明蝴蝶兰组培快繁的操作流程。
3. 简要说明大花蕙兰组培快繁的操作流程。
4. 如何对香石竹组培苗进行驯化移栽？
5. 百合组培过程中诱导成苗的途径有哪些？
6. 简要说明红掌组培快繁的操作流程。
7. 月季组培快繁的意义是什么？

项目8

果树组培快繁

　　果树是世界各国重要的经济作物，种植历史悠久，种类丰富。近年来，随着我国农业产业结构调整，果树生产迅速发展，对良种和脱毒果树苗木需要迫切，但常规果树繁殖方法难以满足市场需求。利用植物组织培养技术进行果树种苗的脱毒和快速繁殖是解决这一难题的有效途径，其具有占地面积小、繁殖周期短、能周年生产、繁殖系数高等优点，还可除去果树体内的某些病毒，满足果树栽培向品种更新快、矮化密植以及脱毒苗栽培方向发展的生产需要。我国是世界上从事果树脱毒和快繁最早、发展最快、应用最广的国家，目前已建立了苹果、葡萄、草莓、樱桃等果树的脱毒苗木果园。本项目通过对苹果、葡萄、草莓、樱桃等进行脱毒与组培快繁，掌握果树组培快繁技术，为果树的工厂化育苗提供技术支持。

》知识目标

1. 掌握不同果树的脱毒技术。
2. 掌握不同果树的组培快繁技术。
3. 了解不同果树脱毒苗的病毒检测方法。
4. 掌握不同果树组培苗驯化移栽技术。

》技能目标

1. 能根据不同果树脱毒要求选择不同的外植体。
2. 能熟练对不同果树进行茎尖脱毒培养。
3. 能按照生产需要对果树脱毒苗进行快速繁殖。

任务 8-1 苹果脱毒与快繁

任务目标

熟悉苹果常见脱毒与病毒检测方法；掌握苹果组培快繁技术。

任务描述

苹果为蔷薇科苹果属落叶果树，是世界上栽培面积较广、产量较高的果树之一。苹果传统的育苗方法是将栽培品种嫁接在实生砧木上，一旦被病毒侵染，便终生带毒，持久危害，且在长期的营养繁殖过程中，病毒逐年积累，导致长势变弱，产量下降，品质变劣，甚至全株死亡。自 20 世纪 70 年代以来，苹果组织培养技术日趋成熟，在脱毒苗生产、矮化砧和优良无性系的快速繁殖方面得到了广泛的应用。本任务通过热处理与茎尖培养相结合的方式脱除苹果植株体内病毒，并以丛生芽增殖型途径培育脱毒苗。

材料与用具

盆栽苹果休眠植株；MS 培养基母液、蔗糖、琼脂、70%乙醇、0.1%升汞溶液、无菌水；烧杯、培养瓶；电磁炉、天平、酸度计、高压蒸汽灭菌锅、人工气候箱、超净工作台、解剖镜、解剖针、解剖刀、镊子、剪刀、器械灭菌器；无菌滤纸等。

任务实施

1. 培养基配制

初代培养基：MS+6-BA 2.0mg/L+蔗糖 3%+琼脂 0.7%。

继代培养基：MS+6-BA 1.0mg/L+NAA 0.05mg/L+蔗糖 3%+琼脂 0.7%。

生根培养基：MS+IBA 0.5mg/L+蔗糖 2.5%+琼脂 0.7%。

2. 脱毒苗培育

（1）热处理

将盆栽苹果休眠植株置于热处理室，在 20~25℃ 条件下诱导萌发。长出 5~6 片叶时，先在 32~35℃ 条件下预处理 1 周，然后在 38℃±0.3℃、空气湿度 80%的条件下处理 25~35d，得到长 5~10cm 的健壮新生嫩枝。

（2）外植体选择与消毒

选择长 1~2cm、经过热处理的苹果嫩枝，在无菌条件下用 70%乙醇处理 30~60s，然后用无菌水冲洗 1 次，再用 0.1%升汞溶液消毒 10min，最后用无菌水冲洗 3~5 次，并用无菌滤纸吸去表面水分备用。

（3）初代培养

借助解剖镜，在超净工作台中将嫩枝的叶片和外围的叶原基逐层剥掉，露出光亮、半球形的分生组织后，用解剖刀将带有 1~2 个叶原基、长 0.2~0.3mm 的茎尖切下来，接种到初代培养基上进行培养。培养温度 25℃，光照强度 1000~1500lx，光照时间 12~16h/d。

1周后，茎尖逐渐增大，以后逐步分化出许多侧芽，形成丛生芽。

（4）继代培养

当初代培养的茎尖形成大量的丛生芽后，将其转入继代培养基中进行扩繁。培养温度25~28℃，光照强度2000lx，光照时间10h/d，每30~40d可继代一次。

（5）生根培养

当组培苗长至2~3cm时，转移到生根培养基中诱导生根。10d左右开始在基部出现根原基，20~30d根可生长到驯化移栽所需的长度。为了简化生根培养的程序，节约费用，也可进行瓶外生根，即继代培养后的组培苗不经生根培养过程，直接在培养瓶外进行扦插。

（6）驯化移栽

当组培苗根系发达、根长约0.5cm时，打开瓶盖或封口膜，在自然光下驯化2~3d。移栽时，小心取出组培苗，洗去根部附着的培养基，栽入疏松、透气的基质中。移栽后保持适宜温度，避免强光照射，定期用弥雾保湿，待幼苗长出新根和新叶后移栽到温室中。

3. 病毒检测

（1）指示植物法

对于非潜隐性病毒，通过植株表现的症状即可鉴定；对于潜隐性病毒，大多采用木本指示植物鉴定，该方法比较可靠，操作简单，但需要时间较长（一般2~3年）。如用温室检测，可缩短时间，10周内即可完成。

（2）酶联免疫吸附法

把抗原与抗体的免疫反应和酶的高效催化作用结合起来，形成一种酶标记的免疫复合物，结合在该复合物上的酶遇到相应的底物时，催化无色的底物产生水解，形成有色的产物，从而判断被检测植物材料是否携带病毒。该操作方法简便、快速。

考核评价 ·······················

参照表8-1-1进行考核评价。

表8-1-1 评价表

评价项目	评价标准	分值
准备工作	材料与用具准备合理、齐全，人员分工合理、有序	10
培养基配制	各种培养基标注正确、清晰；灭菌温度、时间设置正确，操作规范	10
热处理	苹果休眠植株热处理温度和时间合理	10
外植体选择与消毒	外植体选择与处理合理，消毒操作规范、熟练	20
茎尖剥离及接种	茎尖大小适宜，接种迅速、方法正确	20
驯化移栽	操作规范，无材料损伤、浪费情况；管理适当	10
文明、安全操作	操作文明、安全，器皿和用具摆放有序，场地整洁	10
团队协作	小组成员分工明确、相互协作、积极思考、认真讨论	10
合　计		100

任务 *8-2* 葡萄脱毒与快繁

📖 任务目标

熟悉葡萄脱毒与病毒检测方法；掌握葡萄组培快繁技术。

📑 任务描述

葡萄为葡萄科葡萄属多年生落叶藤本果树，几乎所有的国家和地区都有栽培。葡萄传统的繁殖方法有扦插繁殖、嫁接繁殖和压条繁殖，虽然操作简便，但繁殖率较低，并且由于长期进行无性繁殖，葡萄品种退化，植株病毒积累，发病严重。利用植物组织培养技术，不仅能加快葡萄优良品种的繁殖和推广，而且为发展脱毒葡萄栽培及葡萄种质资源保存创造了条件。目前，葡萄脱毒与快繁技术的研究比较成熟，已用于商业化生产。本任务先对葡萄苗进行热处理，再进行茎尖培养脱毒，最后通过丛生芽增殖型途径获得完整植株。

🔍 材料与用具

盆栽葡萄苗；MS 培养基母液、蔗糖、琼脂、70%乙醇、0.1%升汞溶液、无菌水；烧杯、量筒、移液管、培养瓶；电磁炉、酸度计、天平、高压蒸汽灭菌锅、人工气候箱、超净工作台、解剖镜、解剖针、解剖刀、镊子、剪刀、器械灭菌器；无菌滤纸等。

🏛 任务实施

1. 培养基配制

初代培养基：MS+6-BA 0.5~1.0mg/L+IAA 0.1~0.3mg/L+蔗糖 3%+琼脂 0.7%。

继代培养基：MS+6-BA 0.4~0.6mg/L+蔗糖 3%+琼脂 0.7%。

生根培养基：1/2MS+IBA 0.1~0.3mg/L+蔗糖 3%+琼脂 0.7%。

2. 脱毒苗培育

(1)热处理

将盆栽葡萄苗移入热处理室，在 35~40℃人工气候箱中培养，培养时间视病毒种类不同而异。例如，在 38℃的环境中，处理 30min 可从枝条顶端或休眠芽中除去扇叶病毒，处理 8 周可除去卷叶病毒和黄脉病毒，而栓皮病毒、茎痘病毒采用热处理的方法较难去除，处理时间更长。

(2)外植体选择与消毒

选择经过热处理的葡萄嫩枝，除去叶片，用自来水冲洗 30min 后，在无菌条件下先用 70%乙醇浸泡 15~20s，然后用无菌水冲洗 1 次，再用 0.1%升汞溶液浸泡 5~10min，最后用无菌水冲洗 4~5 次，并用无菌滤纸吸去表面水分备用。

(3)初代培养

借助解剖镜，在超净工作台中剥去嫩枝茎端的鳞片和幼叶，切取长 0.2~0.3mm、带有 2~3 个叶原基的茎尖接种到初代培养基上。培养温度 25~28℃，光照强度 1800lx，光照时间 16h/d。2 个月后茎尖膨大变绿并逐渐形成大量丛生芽。

（4）继代培养

切割丛生芽，转接到 MS 培养基或继代培养基上，3 周左右小芽即可长成高 4cm 左右的无根苗。用无根苗切段扩繁，每 4 周可繁殖 5 倍左右。

（5）生根培养

待组培苗增殖到一定数量后，选取高 3~4cm 的壮苗，切去基部 3~5mm 组织，将其转入生根培养基上诱导生根。约 10d 后，有一些苗的基部长出白色的突起，继续培养约 30d 后，这些突起可以发育成长 0.5cm 以上的幼根，生根率可达 90%。

（6）驯化移栽

当组培苗根长至 1cm 左右、有 5~7 片新叶时，将培养瓶移到温室或塑料大棚内，在自然光照、20~25℃ 下驯化 1 周即可移栽。移栽时取出小苗，轻轻洗去根部的培养基，避免伤根，然后用镊子将小苗移入铺垫蛭石的苗床上。移栽后浇透水，覆盖塑料薄膜保湿（湿度保持在 90% 以上）。移栽后 10d 内，苗床温度应稳定在 15℃ 左右。1 周后逐渐揭去塑料薄膜，15~20d 后新根开始生长，新叶展开，幼叶变绿，即可移栽到大田，成活率达 80%。

3. 病毒检测

葡萄脱毒苗检测采用指示植物鉴定法、抗血清鉴定法、电子显微镜鉴定法等。生产上选用对病毒敏感的葡萄品种 'LN-33'、'巴柯'、'品丽珠'、'圣乔治' 等作为指示植物，嫁接成活后 1 个月开始观察症状反应，连续观察 1 年，确认无病毒存在后，才可以大量繁殖用于生产。

考核评价 ···

参照表 8-2-1 进行考核评价。

表 8-2-1　评价表

评价项目	评价标准	分值
准备工作	材料与用具准备合理、齐全，人员分工合理、有序	10
培养基配制	各种培养基标注正确、清晰；灭菌温度、时间设置正确，操作规范	10
热处理	葡萄苗热处理温度和时间合理	10
外植体消毒	外植体选择与处理合理，消毒操作规范、熟练	20
茎尖剥离及接种	茎尖大小合适，接种迅速、方法正确	20
驯化移栽	操作规范，无材料飘伤、浪费情况；管理适当	10
文明、安全操作	操作文明、安全，器皿和用具摆放有序，场地整洁	10
团队协作	小组成员分工明确、相互协作、积极思考、认真讨论	10
合　　计		100

任务 8-3 草莓脱毒与快繁

📖 **任务目标**

熟悉草莓热处理结合茎尖培养脱毒方法；掌握草莓组培快繁操作流程。

📑 **任务描述**

草莓为蔷薇科草莓属多年生草本植物，为重要的浆果类植物，栽培区域很广。草莓果实营养丰富，既可鲜食，也可加工，是市场上备受欢迎的水果之一。草莓通常采用匍匐茎繁殖和分株繁殖，虽然繁殖容易，但繁殖效率较低，占地多，不利于优良品种的推广，而且长期无性繁殖和栽培过程中易受多种病毒的侵染，导致品种退化，产量下降，果实品质变劣。应用植物组织培养技术快速繁殖优质脱毒草莓种苗，既有利于品种的提纯、更新和种质资源的离体保存，又能保持优质高效持续生产，为目前草莓种苗繁育的重要途径。本任务先通过热处理与茎尖培养相结合的方法脱除病毒，再以丛生芽增殖型途径获得大量草莓脱毒苗。

📇 **材料与用具**

盆栽草莓苗；MS 培养基母液、蔗糖、琼脂、70%乙醇、0.1%升汞溶液；烧杯、量筒、移液管、培养瓶；电磁炉、酸度计、天平、高压蒸汽灭菌锅、人工气候箱、超净工作台、解剖镜、解剖针、解剖刀、镊子、剪刀、器械灭菌器；无菌滤纸等。

📇 **任务实施**

1. 培养基配制

初代培养基：MS+6-BA 0.5mg/L+GA₃ 0.1mg/L+IBA 0.2mg/L+蔗糖 3%+琼脂 0.7%。

继代培养基：MS+6-BA 0.5~1.0mg/L+蔗糖 3%+琼脂 0.7%。

生根培养基：1/2MS+IBA 0.2~0.5mg/L+蔗糖 3%+琼脂 0.7%。

2. 脱毒苗培育

(1)热处理

将生长健壮、无病虫害的盆栽草莓苗置于人工气候箱内，设定光照时间 16h/d、光照强度 5000lx、空气湿度 50%~70%，在 35~38℃下变温处理 50d 以上。

(2)外植体的选择与消毒

选取经过热处理的草莓植株上新抽出的匍匐茎，剪取长 5cm 左右的新梢，剥去外层大叶片后，用流水冲洗 2~6h。在超净工作台中先用 70%乙醇浸泡 30s，然后用无菌水冲洗 1 次，再用 0.1%升汞溶液浸泡 2~10min，最后用无菌水冲洗 3~5 次，并用无菌滤纸吸干表面水分。

(3)初代培养

将消毒后的材料置于解剖镜下，剥去芽外面的幼叶和部分叶原基，露出生长点，然后用解剖刀切取 0.2~0.3mm 大小、带有 1~2 个叶原基的茎尖，直立向上迅速接种到初代培养基上进行培养。培养温度 25~28℃，光照强度 1500~2000lx，光照时间 16h/d。培养 1~2 个月后，茎尖形成愈伤组织并逐渐分化成丛生芽。

（4）继代培养

将丛生芽切分为带 2~3 个芽的芽丛转接到继代培养基中进行增殖培养。经过 3~4 周可获得由 30~40 个腋芽形成的芽丛。进行反复多次增殖培养，可获得大量丛生芽。

（5）生根培养

将芽丛切割成单个芽，转接到生根培养基上诱导生根。培养 1 个月左右，可长成高 4~5cm 并有 5~6 条根的健壮苗。

（6）驯化移栽

当草莓组培苗具有 3~5 条根、根长 2~3cm 时进行驯化移栽。先将培养瓶置于温室，打开瓶盖，5~7d 后取出组培苗，洗去根部的培养基，然后移栽至用珍珠岩和蛭石按 1:1 配制的基质中。移栽后喷透水，覆盖小拱棚。初期遮光 50%，1 周后逐渐增加光照，并保持环境高湿。第三周开始每天揭开塑料薄膜一次，移栽后 4 周即可去掉覆盖物。

3. 病毒检测

采用指示植物小叶嫁接法来进行病毒检测。从待检测的草莓植株上采集较嫩的新叶，除去左、右两侧小叶，中间的小叶留有长 1~1.5cm 的叶柄，把叶柄削成楔形作为接穗。在指示植物上选取生长健壮的 1 个复叶，剪去中央小叶，在叶柄中间向下纵切深 1~1.5cm 的切口，然后将待检测植株的接穗插入指示植物切口内，最后包扎结合部位，罩塑料薄膜或置于湿度大的室内，保持温度 20~25℃。若待检测植株带病毒，1~2 个月后指示植物新叶、匍匐茎上会出现病症。若指示植物未出现病症，说明待检测植株没有携带相应病毒。

考核评价

参照表 8-3-1 进行考核评价。

表 8-3-1 评价表

评价项目	评价标准	分值
准备工作	材料与用具准备合理、齐全，人员分工合理、有序	10
培养基配制	各种培养基标注正确、清晰；灭菌温度、时间设置正确，操作规范	10
热处理	草莓苗热处理温度和时间合理	10
外植体消毒	外植体选择与处理合理，消毒操作规范、熟练	20
茎尖剥离及接种	茎尖大小合适，接种迅速、方法正确	20
驯化移栽	操作规范，无材料损伤、浪费情况；管理适当	10
文明、安全操作	操作文明、安全，器皿和用具摆放有序，场地整洁	10
团队协作	小组成员分工明确、相互协作、积极思考、认真讨论	10
合　计		100

任务 *8-4* 樱桃脱毒与快繁

📖 任务目标

熟悉樱桃茎尖培养脱毒技术；掌握樱桃组培快繁操作流程。

📑 任务描述

樱桃为蔷薇科李属植物，其果实是市场上紧俏的果品之一。因其果实售价高，经济效益好，近年来我国樱桃栽培面积呈上升趋势，各地纷纷引种，苗木供应紧张。樱桃常规繁殖以扦插繁殖为主，但在长期的无性繁殖过程中，樱桃苗木感染并积累了多种病毒，使树势减弱，产量降低，果实品质下降，甚至整株死亡。如李属坏死环斑病毒侵染樱桃可使果园减产25%~50%，如果两种以上病毒复合侵染樱桃，减产幅度会更大。通过植物组织培养技术繁育樱桃脱毒苗木，为实现良种樱桃的无病毒栽培和快繁提供技术保障。本任务先对樱桃植株进行热处理，再进行茎尖培养脱毒，最后通过丛生芽增殖型途径获得大量樱桃种苗。

📷 材料与用具

盆栽樱桃植株；MS培养基母液、蔗糖、琼脂、70%乙醇、2%次氯酸钠溶液、0.1%升汞溶液、无菌水；烧杯、量筒、移液管、培养瓶；电磁炉、酸度计、天平、高压蒸汽灭菌锅、人工气候箱、超净工作台、解剖镜、解剖针、解剖刀、镊子、剪刀、器械灭菌器；无菌滤纸等。

🗄 任务实施

1. 培养基配制

初代培养基：MS + 6-BA 2.0mg/L + NAA 0.2mg/L + PVP 0.02mg/L + 蔗糖3% + 琼脂0.7%。

继代培养基：MS + 6-BA 0.5~3.0mg/L + NAA 0.05~0.3mg/L + 蔗糖3% + 琼脂0.7%。

生根培养基：1/2MS + NAA 1.5mg/L + IBA 0.2mg/L + 活性炭1g/L + 蔗糖3% + 琼脂0.7%。

2. 脱毒苗培育

(1) 热处理

选择生长健壮、无病虫害的盆栽樱桃植株置于人工气候箱，在38~40℃下热处理10~30d。

(2) 外植体的选择与消毒

从热处理后的樱桃植株当年生枝条上切取长3~4cm的嫩梢，用自来水冲洗30min后，在超净工作台中先用70%乙醇浸泡30s，然后用无菌水冲洗1次，再用2%次氯酸钠溶液浸泡5~10min，最后用无菌水冲洗3~5次，并用无菌滤纸吸干表面水分。

（3）初代培养

在解剖镜下剥除嫩梢顶芽外部鳞片、幼叶和较大的叶原基，使生长点露出，然后切下长 0.2~0.3mm、带 1~2 个叶原基的茎尖，迅速接种到初代培养基上。在温度 25℃±2℃、光照时间 12h/d、光照强度 2000lx 的条件下培养，15d 左右会在切口处产生 10~30 个丛生芽。

（4）继代培养

将丛生芽分割成单芽后转入继代培养基上，28~35d 继代一次，增殖率一般为 3~4 倍。培养温度 25℃±2℃，光照强度 1000~1500lx，光照时间 12h/d。

（5）生根培养

当丛生芽增殖到一定的数量后，可将丛生芽分割成单苗，并把长 2cm 以上的单苗转入生根培养基上培养。培养温度 23~27℃，光照强度 2000~2500lx，光照时间 12h/d。

（6）驯化移栽

当组培苗长至 5cm 左右并有数条根时，即可进行炼苗。将培养瓶移至驯化室，避免阳光直射，1 周后打开瓶盖透气 1~2d，使瓶内外的湿度接近。取出组培苗，洗净根部的培养基，移栽到用珍珠岩、腐殖土、河沙按 1：2：2 配制的基质中。浇足定根水后，及时盖上塑料薄膜保湿，并用遮光率 75% 的遮阳网遮阴 1 周，然后逐渐增加光照强度并通风。7~10d 后，幼苗长出新根，此时可揭去薄膜。待根系长至 3~5cm 时，可完全撤去遮阳网，让小苗在全光下生长。当小苗高达 15cm 左右、根系发达时，即可进行大田定植。

3. 病毒检测

（1）樱桃坏死锈斑病毒

用紫樱桃作为指示植物，用双重芽接法接种。当待检测樱桃植株带有樱桃坏死锈斑病毒时，指示植物紫樱桃叶片上会出现紫褐色斑点，并逐渐扩大为直径 0.5~1cm 的不规则紫褐色斑块。有些叶片卷曲，叶肉组织坏死，较早落叶。检测时间需几周至几年，发病温度 10~27.8℃，最适温度 20~24℃。较高气温下，感病植株新梢和短枝多枯死。

（2）樱桃坏死环斑病毒

将待检测樱桃植株的芽嫁接到'普贤象'樱花上。若待检测樱桃植株带有坏死环斑病毒，嫁接 4 周后接芽周围即局部坏死，病部木质部变黑色，并溢出大量胶质。用黄瓜作指示植物，染病症状为叶片出现褪绿环斑，生长点坏死。

📊 **考核评价** ....

参照表 8-4-1 进行考核评价。

表 8-4-1　评价表

评价项目	评价标准	分值
准备工作	材料与用具准备合理、齐全，人员分工合理、有序	10
培养基配制	各种培养基标注正确、清晰；灭菌温度、时间设置正确，操作规范	10
热处理	樱桃植株热处理温度和时间合理	10
外植体选择与消毒	外植体选择与处理合理，消毒操作规范、熟练	20
茎尖剥离及接种	茎尖剥离操作准确、大小适宜；接种迅速，无菌操作规范、熟练	20

（续）

评价项目	评价标准	分值
驯化移栽	操作规范，无材料损伤、浪费情况；管理适当	10
文明、安全操作	操作文明、安全，器皿和用具摆放有序，场地整洁	10
团队协作	小组成员分工明确、相互协作、积极思考、认真讨论	10
合　　计		100

任务 8-5　柑橘脱毒与快繁

任务目标

熟悉柑橘热处理结合茎尖培养脱毒方法；掌握柑橘组培快繁操作流程。

任务描述

柑橘为芸香科柑橘属植物，其果实是具有重要经济价值的热带水果。柑橘的病毒病和类病毒病已知的有 20 余种，如衰退病毒、裂皮病毒、木质陷孔病毒、鳞皮病毒和脉突病毒，危害相当严重，植株感染病毒后生长势减弱，产量降低，果实品质变劣，给生产带来严重损失。同时，柑橘具有珠心多胚现象，珠心胚比合子胚生长发育旺盛，使合子胚的发育受到抑制，因此柑橘常规杂交育种困难。植物组织培养技术的应用为柑橘新品种选育及脱毒苗的推广应用开辟了一条有效的新途径。本任务先对柑橘进行热处理结合茎尖培养脱毒，再通过丛生芽增殖型途径获得再生完整植株。

材料与用具

柑橘盆栽幼苗；MS 培养基母液、蔗糖、琼脂、70%乙醇、0.1%升汞溶液、无菌水；烧杯、量筒、移液管、培养瓶；电磁炉、酸度计、高压蒸汽灭菌锅、人工气候箱、超净工作台、解剖镜、解剖针、解剖刀、镊子、剪刀、器械灭菌器；无菌滤纸等。

任务实施

1. 培养基配制

初代培养基：MS+KT 0.25mg/L+2,4-D 0.24mg/L+NAA 2~5mg/L+叶酸 0.1mg/L+生物素 0.1mg/L+抗坏血酸 1.0mg/L+核黄素 0.1mg/L+蔗糖 5%+琼脂 0.7%。

继代培养基：MS+6-BA 0.5mg/L+ZT 0.5mg/L+蔗糖 3%+琼脂 0.7%。

生根培养基：MS+KT 2.0mg/L+CM 100mg/L+蔗糖 3%+琼脂 0.7%。

2. 脱毒苗培育

（1）热处理

将柑橘盆栽幼苗置于人工气候箱，每天在 40℃、光照条件下培养 16h，30℃、黑暗条件下培养 8h，连续处理 30~60d。

（2）外植体选择与消毒

从热处理后的柑橘幼苗上剪取新梢，去除叶片后，用自来水冲洗干净，切取长 2cm 的带芽茎段。在超净工作台中先用 70% 乙醇浸泡 20~30s，然后用 0.1% 升汞溶液浸泡 6~10min，再用无菌水冲洗 4~5 次，最后用无菌滤纸吸干表面水分。

（3）初代培养

将消毒后的材料放到解剖镜下，剥除外部叶片和叶原基，切取带有 1~2 个叶原基的茎尖，接种到初代培养基上。培养温度 25~27℃，初期先进行暗培养或弱光培养，1 周后光照强度 2000~3000lx，光照时间 14~16h/d。接种 6d 后可在切口处长出淡黄色不透明的愈伤组织，10~25d 可形成大量的愈伤组织。

（4）继代培养

将初代培养形成的愈伤组织转入继代培养基上，使其分化形成丛生芽。将丛生芽切割成带 3~4 个芽的芽丛，再转入继代培养基中进行扩繁。培养温度 25℃±2℃，光照强度 1000~1500lx，光照时间 12h/d。

（5）生根培养

当丛生芽增殖到一定数量后，将丛生芽切割成单个芽苗，转入生根培养基上，10~14d 即可长根。

（6）驯化移栽

将长有完整根系和数片新叶的组培苗移入温室，开瓶驯化 7~10d。取出组培苗，洗去根部附着的培养基，移栽于用草炭、沙土按 2：1 配制的基质中，注意保温、保湿、遮阴，待幼苗长出新叶后便可移栽到大田中。

3. 病毒检测

采用指示植物检测法检测病毒。取待测柑橘植株的叶片，研磨后取汁液接种到指示植物豇豆的叶片上，数天后观察有无症状出现。若待检测柑橘植株带病毒，豇豆叶片会局部出现坏死，或产生斑驳现象；若豇豆叶片未出现病症，说明待测柑橘植株没有携带相应病毒。

考核评价

参照表 8-5-1 进行考核评价。

表 8-5-1　评价表

评价项目	评价标准	分值
准备工作	材料与用具准备合理、齐全，人员分工合理、有序	10
培养基配制	各种培养基标注正确、清晰；灭菌温度、时间设置正确，操作规范	10
热处理	柑橘幼苗热处理温度和时间合理	10
外植体选择与消毒	柑橘新梢选择与处理合理，消毒操作规范、熟练	20
茎尖剥离及接种	茎尖剥离操作准确、大小适宜；接种迅速，无菌操作规范、熟练	20
驯化移栽	操作规范，无材料损伤、浪费情况；管理适当	10
文明、安全操作	操作文明、安全，器皿和用具摆放有序，场地整洁	10
团队协作	小组成员分工明确、相互协作、积极思考、认真讨论	10
合　计		100

任务 8-6 香蕉脱毒与快繁

任务目标

熟悉香蕉热处理结合茎尖培养脱毒技术；掌握香蕉组培快繁操作流程。

任务描述

香蕉为芭蕉科芭蕉属多年生单子叶大型草本植物，其果实是世界性的主要水果之一。在我国，香蕉生产中病毒危害普遍，常给生产造成严重损失。如香蕉束顶病和花叶心腐病是我国香蕉的主要病害。传统的香蕉繁殖方式以球茎发生的侧芽作为种苗进行无性繁殖，其繁殖速度慢，病害传播严重。采用植物组织培养技术可以提高其繁殖率，保持品种的优良性特性。本任务先对香蕉进行热处理结合茎尖培养脱毒，再通过丛生芽增殖型途径获得再生完整植株。

材料与用具

香蕉地下球茎；MS 培养基母液、蔗糖、琼脂、70%乙醇、2%次氯酸钠溶液、无菌水；烧杯、量筒、移液管、培养瓶；电磁炉、酸度计、天平、高压蒸汽灭菌锅、人工气候箱、超净工作台、解剖镜、解剖针、解剖刀、镊子、剪刀、器械灭菌器；无菌滤纸等。

任务实施

1. 培养基配制

初代培养基：MS+6-BA 2.0~3.0mg/L+蔗糖 3%+琼脂 0.7%。

继代培养基：MS+6-BA 0.5~1.0mg/L+蔗糖 3%+琼脂 0.7%。

生根培养基：1/2MS+NAA 0.1~0.5mg/L+蔗糖 3%+琼脂 0.7%。

2. 脱毒苗培育

(1)热处理

取香蕉地下球茎置于人工气候箱内，用 35~43℃湿热空气处理 100d。

(2)外植体选择与消毒

切取经热处理的香蕉地下球茎新生侧芽，去除侧芽上较大的叶片，在自来水下冲洗 20~30min 后，剪成单芽茎段。在超净工作台中先用 70%乙醇浸泡 30s，然后用无菌水冲洗 1 次，再用 2%次氯酸钠溶液浸泡 8~10min，最后用无菌水冲洗 3~5 次，并用无菌滤纸吸干表面水分。

(3)初代培养

借助解剖镜，剥取长 0.5~1.5mm、带有 1~2 个叶原基的茎尖接种到初代培养基上。培养温度 25℃左右，光照强度 1000lx，光照时间 12~16h/d。1 周后茎尖开始膨大，生长点露白；培养 2 周后，叶原基伸长、转绿并开始形成叶片；培养约 1 个月，逐渐形成丛生芽。

（4）继代培养

将丛生芽分成芽丛小块转接到继代培养基中进行增殖培养。培养 2~4 周，每块培养物可长出单芽苗或丛生芽；通过切割丛生芽继代扩繁，15~25d 后，每个芽可增殖 3~10个新芽。如此反复即可大量增殖。

（5）生根培养

待组培苗增殖到一定数量后，可将其转入生根培养基中进行壮苗生根培养。培养一段时间后，基部即可长根，形成完整植株。

（6）驯化移栽

当组培苗长到高 4~5cm、有 4~5 片叶、根系发育良好时，便可进行驯化移栽。在温室中去除培养瓶瓶盖，经过 3~5d 锻炼后，把组培苗移栽于用营养土与蛭石按 1:1 配制的基质中，盖上塑料薄膜保湿。1 周后让其逐渐通风，直至全部揭去薄膜。成活后移入大田定植。

3. 病毒检测

香蕉脱毒苗的检测可采用 TTC 检测法。将香蕉叶片浸渍于 1% 的 2,3,5-氯化三苯基四氮唑(TTC)溶液中，于 36℃ 保湿 24h。在显微镜下观察，感染香蕉束顶病的植株其叶切片呈砖红色或红褐色，其中维管束呈紫红色，其他组织为红褐色。感染香蕉花叶心腐病的植株其整个叶切片呈黑褐色，而无病毒植株的叶切片无色。该方法的缺点是灵敏度低，只有当病株体内的病毒繁殖到一定数量时才能检测出来。

检测香蕉花叶心腐病还可以用抗血清检测法、指示植物法、电子显微镜检测法等。

📊 考核评价 ···

参照表 8-6-1 进行考核评价。

表 8-6-1　评价表

评价项目	评价标准	分值
准备工作	材料与用具准备合理、齐全，人员分工合理、有序	10
培养基配制	各种培养基标注正确、清晰；灭菌温度、时间设置正确，操作规范	10
热处理	香蕉地下球茎热处理温度和时间合理	10
外植体选择与消毒	外植体选择与处理合理，消毒操作规范、熟练	20
茎尖剥离及接种	茎尖大小合适，接种迅速、方法正确	20
驯化移栽	操作规范，无材料损伤、浪费情况；管理适当	10
文明、安全操作	操作文明、安全，器皿和用具摆放有序，场地整洁	10
团队协作	小组成员分工明确、相互协作、积极思考、认真讨论	10
合　　计		100

💡 **复习思考题** ···

1. 简要说明苹果组培快繁的操作流程。
2. 简要说明草莓组培快繁的操作流程。
3. 草莓脱毒苗病毒检测的方法有哪些？
4. 樱桃脱毒与快繁有哪些技术要点？
5. 简要说明柑橘脱毒与快繁的操作流程。
6. 香蕉热处理结合茎尖培养脱毒有哪些技术要点？

林木组培快繁

培育整齐一致、优质高产的林木种苗是林业生产中一项重要的基础工作。种苗繁殖方法分为有性繁殖和无性繁殖。有性繁殖一般具有简单易行、成本低等特点，但有些林木通过种子繁殖要经过多年才能开花，尤其是观花林木，多年不能体现其观赏价值。常规无性繁殖则易导致病毒积累、危害加重，影响林木的经济价值和观赏效果。另外，一些无性繁殖的林木因没有种子供长期保存，其种质资源常规只能在田间种植保存，不仅耗费人力、物力，而且易受人为因素和环境因素影响而造成损失。植物组织培养与传统无性繁殖方式相比，具有不受季节限制，而且用材少、繁殖速度快等特点，可大大节省人力、物力，延长保存期。目前，林木组培快繁技术已经成为现代经济林木及观赏林木生产的一项实用科学技术，应用林木组培快繁技术大规模生产优质林木种苗成为必然趋势。本项目主要学习桉树、胡杨、毛白杨、河北杨、美国红栌、雪松、杉木等林木的组培快繁技术。

》知识目标

1. 了解桉树、杨树、针叶树等组培快繁各阶段的适宜培养基配方。
2. 掌握桉树、杨树、针叶树等的组织培养方法。
3. 掌握桉树、杨树、针叶树等初代培养、继代培养、生根培养的过程。
4. 掌握桉树、杨树、针叶树等组培苗的驯化移栽技术。

》技能目标

1. 能根据所学知识和技能，尝试对其他林木进行组培快繁。
2. 能对桉树、杨树、针叶树的组培苗进行驯化移栽。

任务 9-1 桉树组培快繁

任务目标

了解桉树组培快繁基础知识；掌握桉树组培快繁技术。

任务描述

桉树是桃金娘科桉属植物的总称，其种类多、生长快、用途广泛、经济效益显著。桉树是异花授粉的多年生木本植物，种间天然杂交产生杂种的现象频繁出现，其实生苗后代分离严重。因此，用有性繁殖的方法很难保持优良品种的特性。同时，由于桉树成年树生根困难，采用扦插、压条等传统的无性繁殖方法繁殖系数较低，远不能满足实际生产中大面积种植对种苗的需求。因此，利用植物组织培养技术快速繁殖桉树种苗在生产上有重要的应用价值。本任务以桉树的带芽茎段为外植体，通过丛生芽增殖型途径获得完整植株。

材料与用具

桉树枝条；MS 培养基母液、蔗糖、琼脂、70%乙醇、0.1%升汞溶液、无菌水；烧杯、量筒、移液管、培养瓶；电磁炉、天平、酸度计、高压蒸汽灭菌锅、超净工作台、酒精灯、接种工具、器械灭菌器；无菌滤纸、记号笔等。

任务实施

1. 培养基配制

初代培养基：MS+6-BA 0.5~1.0mg/L+IBA 0.1~0.5mg/L+蔗糖3%+琼脂0.7%。

继代培养基：MS+6-BA 1.0~1.5mg/L+KT 0.5mg/L+IBA 0.1~0.5mg/L+蔗糖3%+琼脂0.7%。

生根培养基：1/2MS+ABT 1.5mg/L+IBA 0.1mg/L+AC 2.5g/L+蔗糖3%+琼脂0.7%。

2. 外植体选取与消毒

为了保持优良品种的特性，桉树组培快繁最好选择嫩茎腋芽作为外植体。在3~5月桉树萌芽期，截取长度为5~10cm的半木质化嫩梢，剪去叶片，用自来水冲洗干净。在超净工作台中先用70%乙醇浸泡10s，然后用无菌水冲洗1次，再用0.1%升汞溶液浸泡5~10min，最后用无菌水冲洗4~5次，并用无菌滤纸吸干表面水分。

3. 初代培养

切取消毒后的带顶芽或腋芽的茎段接种于初代培养基上培养。培养温度23~27℃，光照强度1000~1500lx，光照时间10~14h/d。经过30d左右，每个外植体均可形成一个或多个芽，最多可达22个芽。

4. 继代培养

在无菌条件下将初代培养获得的丛生芽切割成1cm左右的节段(较小的芽切割成单株或丛芽小束)，转接到继代培养基上培养，经30d左右可诱导产生大量密集的丛生芽。

如此反复继代培养，即可在较短时间内获得数量巨大的丛生芽。

5. 生根培养

将继代培养过程中获得的丛生芽分割成单芽，或将其中较大的芽体切割成长 1.5~2cm、带 1 个腋芽的节段，转接到生根培养基上诱导生根，经 2~3 周即可形成完整植株。

6. 驯化移栽

当组培苗长至 3~4cm，叶片舒展，叶色加深，茎轴、根系伸长时，即可出瓶移栽。移栽前揭开培养瓶瓶盖 2~3d，让幼苗在室温条件下适应一段时间。移栽时，向瓶内倒入一定量的清水并摇动几下以松动培养基，然后小心将幼苗取出放置在盛有清水的盆中，将根部附着的培养基彻底洗净，然后将组培苗移栽于苗床或营养钵中，土壤以砂质壤土为好。移栽后浇透水，并搭设塑料拱棚保湿(相对湿度在 85% 以上)，温度保持在 25~30℃。用遮光率 70% 的遮阳网搭荫棚，以避免阳光暴晒，并防止塑料拱棚内温度过高。移栽后 15~20d，逐渐降低湿度到自然条件。幼苗成活后即可把荫棚拆掉，此阶段要加强水肥管理和病、虫、草害防治。经 1~2 个月精细管理，当苗高 15~20cm 时即可用于造林。

📊 **考核评价** ··

参照表 9-1-1 进行考核评价。

表 9-1-1 评价表

评价项目	评价标准	分值
准备工作	材料与用具准备合理、齐全，人员分工合理、有序	10
培养基配制	各种培养基标注正确、清晰；灭菌温度、时间设置正确，操作规范	20
外植体消毒	取材适当，消毒流程正确、操作到位	20
接种	材料大小适宜，符合标准；无菌操作规范、熟练	20
驯化移栽	操作规范，无材料损伤、浪费情况；管理适当	10
文明、安全操作	操作文明、安全，器皿和用具摆放有序，场地整洁	10
团队协作	小组成员分工明确、相互协作、积极思考、认真讨论	10
合　　计		100

任务 9-2 胡杨组培快繁

📖 **任务目标** ··

了解胡杨组培快繁基础知识；掌握胡杨组培快繁技术。

📋 **任务描述** ··

胡杨为杨柳科杨属胡杨亚属植物，常年生长在沙漠中，耐寒、耐旱、耐盐碱、抗风沙，有很强的生命力，为重要的固沙造林树种之一。胡杨播种繁殖易变异且繁殖时间长，扦插繁殖则成活率较低。利用植物组织培养技术能在短时间内获得大量整齐一致的植株。

因此，生产中多采用组织培养的方法大规模繁殖胡杨苗木，应用于造林生产实践。本任务以胡杨幼嫩茎段或休眠芽为外植体，经器官发生型途径获得再生植株。

材料与用具

胡杨当年生枝条；MS 培养基母液、蔗糖、琼脂、70%乙醇、0.1%升汞溶液、无菌水；烧杯、量筒、移液管、培养瓶；电磁炉、天平、酸度计、高压蒸汽灭菌锅、超净工作台、酒精灯、接种工具、器械灭菌器；无菌滤纸、记号笔等。

任务实施

1. 培养基配制

初代培养基：MS+6-BA 0.5mg/L+NAA 0.5mg/L+蔗糖 3%+琼脂 0.7%。

壮苗培养基：MS+6-BA 0.2mg/L+NAA 0.2mg/L+蔗糖 3%+琼脂 0.7%。

增殖培养基：MS+6-BA 0.5mg/L+NAA 0.5mg/L+蔗糖 3%+琼脂 0.7%。

生根培养基：MS+蔗糖 2%+琼脂 0.7%。

2. 外植体选择与消毒

选取直径为 3~4mm 的胡杨当年生枝条，用自来水冲洗干净。在无菌条件下，先用70%乙醇消毒 30s，然后用 0.1%升汞溶液消毒 6min，再用无菌水冲洗 5~6 次，并用无菌滤纸吸去表面的水分。

3. 初代培养

将胡杨枝条切成长 1cm 左右的茎段（每个节带有 1 个芽），然后接种到初代培养基上。培养温度 25℃±2℃，光照强度 2000lx，光照时间 10h/d。接种后 1 周左右，在茎段切口处即可见到形成层部位出现黄白色、致密的愈伤组织。接种后 2~3 周，切口上的愈伤组织增生明显，茎上的皮孔膨大，且从皮孔内分化出质地疏松的白色愈伤组织。接种后 4 周，随着茎上皮孔处愈伤组织的进一步增生，白色愈伤组织中间出现一些颗粒状的绿色愈伤组织，进而整个愈伤组织变为绿色的小绒球状，并逐渐发育成丛生芽。接种后约 6 周，茎段切口处的愈伤组织也可分化出小苗。

以休眠芽作外植体时，由于取材量小，外植体容易愈伤组织化。同时，由于茎尖愈伤组织的分化能力比茎段愈伤组织更强，所以其分化出的小植株数目更多，且更健壮。

4. 继代培养

为了促进丛生芽发育，可将其转移到壮苗培养基上培养成无根健壮小苗。如需进一步扩大繁殖，则可将在壮苗培养基上培养了 3~4 周的无根苗切割成长 0.5~1.0cm 的切段，然后转接到增殖培养基上进行培养，以诱导出愈伤组织并促使丛生芽分化。经反复切割与培养，可在短时间内得到大量组培苗。

5. 生根培养

当无根的组培苗长至高 2~3cm 时，即可在无菌条件下将其从基部切下，置于 40mg/L IBA 溶液中预处理 1.5~2.0h，再转接到生根培养基上培养。经 10d 左右，茎基部切口处即开始陆续长出不定根。再经 10~15d，即可形成根系发育良好的完整小植株。

6. 驯化移栽

生根苗经过 3~5d 驯化后，移栽到月河沙、壤土、草木灰按 1∶1∶1 配制的基质中，注意加盖塑料薄膜以保温、保湿。10d 后可以揭去薄膜，成活率可达 90%。

考核评价

参照表 9-2-1 进行考核评价。

表 9-2-1 评价表

评价项目	评价标准	分值
准备工作	材料与用具准备合理、齐全，人员分工合理、有序	10
培养基配制	各种培养基标注正确、清晰；灭菌温度、时间设置正确，操作规范	20
外植体消毒	取材适当，消毒流程正确、操作到位	20
接种	材料大小适宜，接种迅速、方法正确	20
驯化移栽	操作熟练、正确，无材料损伤、浪费情况；管理适当	10
文明、安全操作	操作文明、安全，器皿和用具摆放有序，场地整洁	10
团队协作	小组成员分工明确、相互协作、积极思考、认真讨论	10
合　　计		100

任务 9-3　毛白杨组培快繁

任务目标

了解毛白杨组培快繁基础知识；掌握毛白杨组培快繁技术。

任务描述

毛白杨为杨柳科杨属落叶大乔木，为中国特有树种。毛白杨根系发达，萌芽力强，生长较快，抗逆性强，但扦插繁殖生根困难，成活率低。目前，毛白杨组培快繁技术已在造林育苗的生产实践中推广应用。本任务以毛白杨休眠芽为外植体，通过丛生芽增殖型途径获得再生植株。

材料与用具

毛白杨当年生枝条；MS 培养基母液、蔗糖、琼脂、70%乙醇、2%次氯酸钠溶液、无菌水；烧杯、量筒、移液管、培养瓶；电磁炉、天平、酸度计、高压蒸汽灭菌锅、超净工作台、酒精灯、接种工具、器械灭菌器；无菌滤纸、记号笔等。

任务实施

1. 培养基配制

初代培养基：MS＋6-BA 0.5mg/L＋NAA 0.2mg/L＋赖氨酸 100mg/L＋果糖 2%＋琼

脂 0.7%。

继代培养基：MS+IBA 0.25mg/L+盐酸硫胺素 10mg/L+蔗糖 1.5%+琼脂 0.7%。

生根培养基：1/2MS+IBA 0.25mg/L+蔗糖 3%+琼脂 0.7%。

2. 外植体选择与消毒

取毛白杨当年生直径为 5mm 左右的枝条，去掉叶片，切成长为 1.5～2cm 的茎段，每个茎段带 1 个休眠芽。将茎段用自来水冲洗干净后，在超净工作台中先用 70%乙醇消毒 30s，然后用无菌水冲洗 1 次，再用 2%次氯酸钠溶液消毒 8～10min，最后用无菌水冲洗 3～4 次，并用无菌滤纸吸干表面水分。

3. 初代培养

借助解剖镜，在超净工作台中剥取长 2mm 左右、带有 2～3 个叶原基的茎尖接种到初代培养基上培养，每瓶接种 1 个茎尖。培养温度 25℃±2℃，用日光灯连续照光，光照强度 1000lx。经过 2～3 个月，部分茎尖即可分化出芽。

4. 继代培养

将初代培养诱导出的幼芽从基部切下，转接到继代培养基上培养。经 6 周左右，即可长成带有 6～7 个叶片的小苗。选择健壮小苗进行切段(顶部切段带 2～3 片叶，其他各段只带 1 片叶)，转接到继代培养基上，待腋芽萌发伸长至带有 6～7 片叶时，可再次切段繁殖。

5. 生根培养

选择健壮的小苗从基部切下，转接到生根培养基上培养。培养温度 25℃±2℃，光照强度 1000lx，光照时间 10h/d。6～7d 后可见到有根长出，10d 后根长可达 1.0～1.5cm。

6. 驯化移栽

将生根苗移至温室，打开培养瓶瓶盖，注入少量自来水，置于自然光下驯化。3d 后将小苗从瓶中取出，洗净根部附着的培养基后，用多菌灵溶液浸泡消毒，然后移栽到装有蛭石的营养钵中，罩上塑料薄膜。保持温度 25℃±2℃，相对湿度 80%～90%，每天定时通风换气。1 周后打开塑料薄膜，长出 1～2 片新叶后即可移栽至大田。

考核评价

参照表 9-3-1 进行考核评价。

表 9-3-1　评价表

评价项目	评价标准	分值
准备工作	材料与用具准备合理、齐全，人员分工合理、有序	10
培养基配制	各种培养基标注正确、清晰；灭菌温度、时间设置正确，操作规范	20
外植体消毒	外植体选择合适，消毒流程正确、操作到位	20
接种	材料大小适宜，符合标准；无菌操作规范、熟练	20
驯化移栽	操作规范，无材料损伤、浪费情况；管理适当	10
文明、安全操作	操作文明、安全，器皿和用具摆放有序，场地整洁	10
团队协作	小组成员分工明确、相互协作、积极思考、认真讨论	10
合　　计		100

任务 *9-1* 河北杨组培快繁

📖 **任务目标** ···

了解河北杨组培快繁基础知识；掌握河北杨组培快繁技术。

📑 **任务描述** ···

河北杨为杨柳科杨属落叶大乔木，广泛分布于我国西北、华北地区。其树干笔直，生长快，侧根发达，萌蘖性强，耐寒、耐旱、耐贫瘠、耐风沙，是西北、华北黄土丘陵、沟坡及沙滩地的重要水土保持及造林绿化的优良树种。河北杨扦插繁殖生根困难，自然繁殖靠根蘖繁殖，单位面积出苗率低，且出苗不整齐，生长不一致，直接影响河北杨苗木生产。利用植物组培快繁技术可以提高河北杨的繁殖速度和移栽成活率，对于该树种的推广具有一定的现实意义。本任务以河北杨嫩茎为外植体，通过器官发生型途径获得大量整齐一致的苗木。

🔬 **材料与用具** ···

河北杨枝条；MS 培养基母液、蔗糖、琼脂、70%乙醇、0.1%升汞溶液、无菌水；烧杯、量筒、移液管、培养瓶；电磁炉、电子分析天平、酸度计、高压蒸汽灭菌锅、超净工作台、酒精灯、接种工具、器械灭菌器；无菌滤纸、记号笔等。

🔧 **任务实施** ···

1. 培养基配制

初代培养基：1/2MS+6-BA 0.3mg/L+NAA 0.05mg/L+蔗糖 2.5%+琼脂 0.5%。

继代培养基：1/2MS+6-BA 0.3mg/L+蔗糖 2%+琼脂 0.6%。

生根培养基：1/2MS+NAA 0.02mg/L+蔗糖 1.5%+琼脂 0.6%。

2. 外植体选择与消毒

选取河北杨春季萌发的新梢或由根部萌发的新枝条，切取嫩枝上部 4~5cm 作为接种材料(同一嫩枝，上部的分化率比下部高，分化速度快，不定芽数量多，生长快)。将材料用自来水冲洗干净后，在超净工作台中先用 70%乙醇消毒 30s，然后用 0.1%升汞溶液消毒 5~10min，再用无菌水冲洗 3~5 次，并用无菌滤纸吸干表面水分。

3. 初代培养

将消毒后的材料接种到初代培养基上。培养温度 25℃±2℃，光照强度 2000~3000lx，光照时间 13h/d。培养 20d 左右，外植体先长出质地致密、颜色鲜绿的愈伤组织，随后分化出芽，诱导率可达 80%。

4. 继代培养

分割带芽的愈伤组织进行继代培养。在继代培养基上，愈伤组织进一步增殖并诱导出大量不定芽。从中选择较大的不定芽从基部切下转入生根培养基，其余的可继续用于扩大繁殖。

5. 生根培养

当不定芽长至高 2~3cm 时，可将其从基部切下来，转接到生根培养基上诱导生根。经过 2~3 周的培养，生根率可达 100%。

6. 驯化移栽

生根苗经过 3~5d 的驯化后，移栽到用河沙、壤土、草木灰按 1∶1∶1 配制的混合基质中（基质使用前需消毒）。移栽后要特别注意加盖塑料薄膜，以保持温度和湿度。10d 后可以揭开薄膜，成活率可达 90%。

考核评价

参照表 9-4-1 进行考核评价。

表 9-4-1　评价表

评价项目	评价标准	分值
准备工作	材料与用具准备合理、齐全，人员分工合理、有序	10
培养基配制	各种培养基标注正确、清晰；灭菌温度、时间设置正确，操作规范	20
外植体消毒	外植体选择合适，消毒流程正确、操作到位	20
接种	材料大小适宜，符合标准；无菌操作规范、熟练	20
驯化移栽	操作规范，无材料损伤、浪费情况；管理适当	10
文明、安全操作	操作文明、安全，器皿和用具摆放有序，场地整洁	10
团队协作	小组成员分工明确、相互协作、积极思考、认真讨论	10
合　计		100

任务 9-5　美国红栌组培快繁

任务目标

了解美国红栌组培快繁基础知识；掌握美国红栌组培快繁技术。

任务描述

美国红栌为漆树科黄栌属落叶灌木或小乔木，原产于美国，是美国黄栌的一个变种。其叶在春、夏、秋三季呈现出美丽的红色，而且这种红色还会随着季节变化。在每年的夏季，还能开出絮状、鲜红色的花，远远看去，如烟如雾，非常漂亮，所以有"烟树"之称。美国红栌适应性极强，耐干旱、耐贫瘠，在酸、碱土壤中均可生长，是当今世界上城市绿化中净化、美化及彩化效果较好的观叶树种之一。美国红栌扦插繁殖困难，常规主要靠嫁接在黄栌实生苗上繁殖。随着植物组织培养技术的发展，组培快繁成为大规模生产美国红栌种苗的有效途径。本任务以美国红栌幼嫩枝条的带芽茎段为外植体，通过丛生芽增殖型途径获得再生植株。

材料与用具

美国红栌幼嫩枝条；MS 培养基母液、蔗糖、琼脂、70%乙醇、0.1%升汞溶液、无菌水；烧杯、量筒、移液管、培养瓶；电磁炉、天平、酸度计、高压蒸汽灭菌锅、超净工作台、酒精灯、接种工具、器械灭菌器；无菌滤纸、记号笔等。

任务实施

1. 培养基配制

初代培养基：MS+6-BA 0.2mg/L+NAA 0.05mg/L+蔗糖 3%+琼脂 0.6%。

继代培养基：MS+6-BA 0.5mg/L+NAA 0.1mg/L+蔗糖 3%+琼脂 0.6%。

生根培养基：1/2MS+IBA 0.2mg/L+NAA 0.1mg/L+蔗糖 2%+琼脂 0.6%。

2. 外植体选择与消毒

春季，选取当年生健壮、无病虫害植株的幼嫩枝条，去除叶片，用软毛刷蘸洗涤剂仔细刷洗后，用自来水冲洗干净。在无菌条件下先用 70%乙醇浸泡 30s，然后用 0.1%升汞溶液消毒 5~10min，再用无菌水冲洗 4~5 次，并用无菌滤纸吸干表面水分。

3. 初代培养

将消毒后的嫩枝剪成长 1.0~1.5cm 的带芽茎段，接种到初代培养基上。培养温度 25℃±2℃，光照强度 2000lx，光照时间 12h/d。接种 15d 后腋芽开始萌发，30d 后腋芽伸长至 1~2cm。

4. 继代培养

剪下初代培养中诱导的腋芽，接种到继代培养基上进行增殖培养。10d 左右腋芽开始萌发，同时下端切口开始分化出丛生芽；25~30d 丛生芽长到 5~8cm 时，即可转入新的继代培养基上。

5. 生根培养

将生长健壮、叶柄挺拔、叶片平整的组培苗切成长 1.5~2.0cm 的茎段，接种到生根培养基上诱导生根。培养 15d 左右，逐渐长出褐色放射状不定根；培养 20d 左右，粗壮根长 1.0~1.5cm。当每株发根 5 条左右时，即可驯化移栽。

6. 驯化移栽

当组培苗根长 1cm 时，即可进行炼苗。炼苗 5~7d，适当加大光照强度，以提高小苗的木质化程度。洗去小苗根部附着的培养基，定植于用草炭、珍珠岩按 3：2 配制的混合基质中。注意控温、保湿，适当遮阴，30d 后移栽成活率可达 80%。待小苗木质化后，可移栽到装有营养土的营养钵中。

考核评价

参照表 9-5-1 进行考核评价。

表 9-5-1　评价表

评价项目	评价标准	分值
准备工作	材料与用具准备合理、齐全，人员分工合理、有序	10
培养基配制	各种培养基标注正确、清晰；灭菌温度、时间设置正确，操作规范	20
外植体消毒	外植体选择合适，消毒流程正确、操作到位	20
接种	材料大小适宜，符合标准；无菌操作规范、熟练	20
驯化移栽	操作规范，无材料损伤、浪费情况；管理适当	10
文明、安全操作	操作文明、安全，器皿和用具摆放有序，场地整洁	10
团队协作	小组成员分工明确、相互协作、积极思考、认真讨论	10
合　　计		100

任务 9-6　雪松组培快繁

任务目标

了解雪松组培快繁基础知识；掌握雪松组培快繁技术。

任务描述

雪松为松科雪松属常绿大乔木。树冠尖塔形，树姿雄伟，树形优美，是世界著名的庭院观赏树种之一，也是重要的用材树种。雪松栽植后 25~30 年才能开花结实，且由于雄花较雌花早 10d 左右开放，自然授粉困难，需人工授粉才能获得较多饱满的种子。雪松主要靠扦插繁殖，也有少量播种育苗，采用植物组织培养技术可以加快雪松的人工繁殖速度，为雪松的无性繁殖提供了一条新的途径。本任务以雪松 1 年生实生苗的嫩茎为外植体，通过器官发生型途径获得完整植株。

材料与用具

雪松 1 年生实生苗；MS 培养基母液、蔗糖、琼脂、70% 乙醇、0.1% 升汞溶液、无菌水；烧杯、量筒、移液管、培养瓶；电磁炉、天平、酸度计、高压蒸汽灭菌锅、超净工作台、酒精灯、接种工具、器械灭菌器；无菌滤纸、记号笔等。

任务实施

1. 培养基配制

初代培养基：MS＋KT 2.0mg/L＋NAA 0.5mg/L＋2,4-D 0.25mg/L＋蔗糖 3%＋琼脂 0.7%。

继代培养基：MS＋6-BA 2.0mg/L＋NAA 0.5mg/L＋蔗糖 3%＋琼脂 0.7%。

生根培养基：1/2MS＋NAA 0.5mg/L＋IBA 1.0mg/L＋蔗糖 3%＋琼脂 0.7%。

2. 外植体选择与消毒

进行雪松组培快繁时，宜从幼龄树上取材。以 1 年生实生苗的嫩茎作外植体时，从生芽分化率高达 70%；而以成龄树的嫩茎作外植体时，丛生芽分化率只有 10% 左右。取雪松 1 年生实生苗的嫩茎，置于流水中冲洗 2~4h。在无菌条件下，先用 70% 乙醇消毒 30s，然后用 0.1% 升汞溶液浸泡 10min，再用无菌水冲洗 5 次，最后用无菌滤纸吸干表面水分备用。

3. 初代培养

将消毒后的雪松嫩茎切成长 0.5cm 的茎段，将形态学下端朝下，与培养基表面呈 60° 斜插入初代培养基中。培养温度 25℃±2℃，光照强度 1500~2000lx，光照时间 10h/d。接种后 60~80d，愈伤组织形成，茎段明显变粗，以致将幼嫩的外皮胀裂。

4. 继代培养

将初代培养中变粗的褐色茎段转移到继代培养基上进行增殖培养，2 个月后会分化出丛生芽，每丛有 3~10 株不等。

5. 生根培养

当无根苗长至高 1~1.5cm 时，从基部剪下插入生根培养基上。培养温度为 20℃±2℃，采用室内自然散射光。1~2 个月后，每株苗可产生 2~3 条小根。

6. 驯化移栽

当组培苗在生根培养基上长出根时，应立即将其移栽到育苗盆或苗床中，并用塑料薄膜罩住保湿，1 周后揭膜。也可直接移栽无根组培苗，即将高约 3cm 的无根组培苗移栽到由蛭石和腐殖土（比例为 1：1）混合配制的基质中，待小苗长根后及时移栽到苗圃。

考核评价 ·····

参照表 9-6-1 进行考核评价。

表 9-6-1　评价表

评价项目	评价标准	分值
准备工作	材料与用具准备合理、齐全，人员分工合理、有序	10
培养基配制	各种培养基标注正确、清晰；灭菌温度、时间设置正确，操作规范	20
外植体消毒	外植体选择合适，消毒流程正确、操作到位	20
接种	材料大小适宜，符合标准；无菌操作规范、熟练	20
驯化移栽	操作规范，无材料损伤、浪费情况；管理适当	10
文明、安全操作	操作文明、安全，器皿和用具摆放有序，场地整洁	10
团队协作	小组成员分工明确、相互协作、积极思考、认真讨论	10
合　　计		100

任务 9-7　杉木组培快繁

任务目标 ·····

了解杉木组培快繁基础知识；掌握杉木组培快繁技术。

任务描述

杉木为杉科杉木属常绿乔木,生长快,材质好,木材纹理通直,是我国长江以南各省份特有的速生商品用材树种。此外,其树形整齐,枝叶密生,也是重要的园林树种。杉木主要以播种、扦插和分株的方式繁殖,繁殖速度较慢,且采用扦插繁殖时,成龄树的插条成活率很低,同时扦插苗往往有严重的偏冠现象,影响观赏价值和木材品质。植物组织培养技术为杉木快繁及培育优质苗木提供了有效途径。本任务以杉木茎尖或茎段为外植体,经器官发生型途径获得再生植株。

材料与用具

杉木幼龄实生苗和成龄树枝条;MS 培养基和 White 培养基母液、蔗糖、琼脂、洗衣粉、70%乙醇、0.1%升汞溶液、无菌水;烧杯、量筒、移液管、培养瓶;电磁炉、天平、酸度计、高压蒸汽灭菌锅、超净工作台、酒精灯、接种工具、器械灭菌器;无菌纸、记号笔等。

任务实施

1. 培养基配制

初代培养基:1/2MS+6-BA 0.5mg/L+2,4-D 0.5~2.0mg/L+蔗糖 3%+琼脂 0.7%。

继代培养基:1/2MS + 6-BA 0.5 ~ 1.0mg/L + IBA 0.25 ~ 0.5mg/L + 蔗糖 3% + 琼脂 0.7%。

生根培养基:White+NAA 0.25~0.5mg/L+蔗糖 3%+琼脂 0.7%。

2. 外植体选择与消毒

取长 0.5~1.0cm 的杉木幼龄实生苗茎尖、成龄树茎尖和茎段,用洗衣粉溶液洗涤5min 后,用自来水冲洗 2h。在无菌条件下先用 70%乙醇消毒 30s,然后用无菌水冲洗 2~3次,再用 0.1%升汞溶液消毒 5~7min,最后用无菌水冲洗 4~5 次,并用无菌滤纸吸干表面水分。

3. 初代培养

剥取茎尖或切取茎段,接种到初代培养基上。以茎段作外植体时,纵向切开,除去2/5,然后将其平贴于培养基上。这种接种方式可使切口四周很快形成愈伤组织,且转接后容易从愈伤组织上分化出芽。

接种后先进行 5~7d 暗培养,然后移至光照条件下培养,光照强度 1000~2000lx,光照时间 13~14h/d,温度 25℃±3℃。杉木外植体先形成愈伤组织,再由愈伤组织分化出芽。幼龄实生苗茎尖暗培养 4~5d 就可开始形成愈伤组织,10d 后愈伤组织生长加快。成龄树茎尖或茎段则在培养 7~10d 后才开始形成愈伤组织。当培养基中 2,4-D 含量较低时,形成的愈伤组织大小适中,质地致密,呈褐色小瘤状凸起,以后转到不含 2,4-D 的培养基上时,容易分化出芽;培养基中 2,4-D 含量较高时,则形成膨大疏松的愈伤组织,影响其后芽的诱导与生长。

4. 继代培养

在杉木组培快繁过程中，芽的诱导形成与生长比较容易。无论是使用 1/2MS 培养基，还是 White 培养基，只要在培养基中去除 2,4-D，并添加 6-BA 和 IBA，就能有效诱导出芽，芽的分化率为 85% 左右。每个外植体诱导出不定芽的数目因品种和植株不同而异，而且随培养时间的延长而增加。一般来说，经 4~5 个月培养，每个外植体可以分化出 15~20 个高 3~4cm 的嫩芽。

5. 生根培养

当无根组培苗高 3~4cm 时，将其从基部切下，转入生根培养基上培养。经 40~50d，即可生根，生根率 80%~85%。

6. 驯化移栽

当杉木组培苗在生根培养基上形成长 2~3cm 的根时，即可出瓶移栽到由腐殖土、河沙按 3:1 混合配制的基质中。移栽后切忌阳光直射，最初一个月最好用两层遮光率为 50% 的遮阳网遮阴，以后换用一层遮光率为 70% 的遮阳网，两个月后用一层遮光率为 50% 的遮阳网。湿度应保持在 90% 左右。移栽后最初 20d 一定要用塑料薄膜罩住保湿。如在高温季节移栽，应通过遮阴、喷水等措施将最高温度控制在 30℃ 以下。经 4 个月的精细管理，杉木组培苗植株高可达 25cm，此时可出圃造林。

📊 考核评价 ······

参照表 9-7-1 进行考核评价。

表 9-7-1　评价表

评价项目	评价标准	分值
准备工作	材料与用具准备合理、齐全，人员分工合理、有序	10
培养基配制	各种培养基标注正确、清晰；灭菌温度、时间设置正确，操作规范	20
外植体消毒	外植体选择合适，消毒流程正确、操作到位	20
接种	材料大小适宜，符合标准；无菌操作规范、熟练	20
驯化移栽	操作规范，无材料损伤、浪费情况；管理适当	10
文明、安全操作	操作文明、安全，器皿和用具摆放有序，场地整洁	10
团队协作	小组成员分工明确、相互协作、积极思考、认真讨论	10
合　　计		100

💡 复习思考题 ······

1. 简要说明桉树组培快繁操作流程。
2. 简述胡杨组培快繁的意义及操作过程。
3. 如何对美国红栌组培苗进行驯化移栽？
4. 雪松组培快繁过程中应注意哪些问题？
5. 简述杉木组培快繁的过程及注意事项。

项目 *10*

药用植物组培快繁

　　药用植物是指含有生物活性成分，可用于预防和治疗疾病的植物。我国是药用植物资源较为丰富的国家之一，也是利用药用植物较早的国家之一。据统计，我国可供药用的植物有 5000 种以上，其中较常用的有 500 多种。药用植物多为野生植物，生长速度慢，由于长期以来盲目过度采挖，加上生态环境日益恶化，野生药用植物资源日益匮乏。为了解决药用植物的供需矛盾，人们采用人工栽培的方法扩大药源。但是，在人工栽培药用植物的过程中，有不少名贵药用植物以常规方法育种（或育苗）繁殖率低，繁殖速度慢。利用植物组织培养技术，一方面，可以长期保存药用植物的种质资源，并能快速繁殖名贵、珍稀药用植物种苗，以满足药用植物人工栽培的需要；另一方面，可以通过愈伤组织和悬浮细胞培养从细胞或培养基中直接提取生物活性物质（即生物次生代谢产物），或通过生物转化、酶促反应生产药物，实现中药工厂化、标准化生产。

》知识目标

　　1. 了解贝母、半夏、枸杞等组培快繁各阶段适宜的培养基配方。

　　1. 掌握贝母、半夏、枸杞等的组织培养方法。

　　2. 掌握贝母、半夏、枸杞等初代培养、继代培养和生根培养的过程。

》技能目标

　　1. 能熟练配制贝母、半夏、枸杞等组培快繁各阶段的培养基。

　　2. 能运用所学知识和技能进行其他药用植物的种苗生产。

任务 *10-1* 贝母组培快繁

📖 任务目标

了解贝母组培快繁基础知识；掌握贝母组培快繁的方法和步骤。

📃 任务描述

贝母为百合科贝母属多年生草本植物，在我国有浙贝母、川贝母、平贝母等。贝母以鳞茎入药，为传统名贵中药，有清热润肺、化痰止咳的功效。贝母常规繁殖采用鳞茎或种子繁殖。其中，鳞茎繁殖用种量大且繁殖系数低，一般 1 个鳞茎只能收获 1.5~1.6 个鳞茎。种子繁殖则成苗率低，生长速度慢，需要 5~6 年才能收获商品鳞茎。利用植物组织培养技术可以提高贝母的繁殖速度，扩大繁殖系数，大大缩短鳞茎的形成年限（只要 6 个月左右的时间就可以得到供药用的鳞茎）。本任务以贝母的幼叶、花梗、花被或鳞片为外植体，经器官发生型途径获得再生植株。

🔍 材料与用具

贝母植株；MS 培养基母液、蔗糖、琼脂、70%乙醇、10%次氯酸钠溶液、0.1%升汞溶液、无菌水；烧杯、量筒、移液管、培养瓶；电磁炉、天平、酸度计、高压蒸汽灭菌锅、超净工作台、酒精灯、接种工具、器械灭菌器；无菌滤纸、记号笔等。

📋 任务实施

1. 培养基配制

初代培养基：MS+NAA 0.5~2.0mg/L+KT 1.0mg/L+CM 15%+蔗糖 3%+琼脂 0.7%。

增殖培养基：MS+NAA 0.5~2.0mg/L+蔗糖 3%+琼脂 0.7%。

分化培养基：MS+BA 4.0~8.0mg/L+IAA 1.0~1.5mg/L+蔗糖 3%+琼脂 0.7%。

生根培养基：1/2MS+IAA 0.1~0.2mg/L+蔗糖 3%+琼脂 0.7%。

2. 外植体选择与消毒

在贝母开花之前，其幼叶、花梗、花蕾、鳞茎均可作为外植体，比较适宜的取材时间是每年的春季。用幼叶、花梗、花蕾作外植体时，先用 70%乙醇消毒 10~20s，然后用 10%次氯酸钠溶液浸泡 15min，再用无菌水冲洗 3~4 次，并用无菌滤纸吸干表面水分备用。如果用鳞茎作外植体，刮去鳞片上的外皮，先用自来水冲洗干净，然后用 70%乙醇消毒 10~20s，再用 0.1%升汞溶液浸泡 10~20min，最后用无菌水冲洗 4~5 次，并用无菌滤纸吸干表面水分。

3. 初代培养

将幼叶、花梗、花蕾切割成 2~4cm² 大小，鳞片切割成 5mm²、厚 2mm 的小块（一个鳞茎可切成 100 多块），分别接种于初代培养基上进行培养。15~20d 后，会从外植体切口处出现愈伤组织。外植体对植物生长调节物质反应比较敏感，当 NAA 浓度在 0.5～2.0mg/L 时，所有外植体上几乎都可产生愈伤组织；当 NAA 浓度低于 0.1mg/L 时，只有很少量的愈伤组织形成或没有肉眼可见的愈伤组织。

4. 继代培养

把愈伤组织切成 $(3～4)mm×(3～4)mm$ 的小块，转移到增殖培养基上进行培养。愈伤组织在增殖培养基中可以长期培养，不会丧失生长和分化能力。

将愈伤组织转移到分化培养基上，可由愈伤组织分化出白色的小鳞茎。这些小鳞茎与自然状态下生长得到的小鳞茎在形态上并无明显区别，但生长迅速，生长 4 个月的小鳞茎可达到由种子繁殖生长 2～3 年的鳞茎大小，较大的小鳞茎直径约 12mm。也就是说，通过组织培养的方法，可大大缩短了贝母鳞茎的形成年限，只要 6 个月左右就可得到供作药用的鳞茎。

通过组织培养再生的小鳞茎，在高温条件下因休眠而很难发芽，所以需要将其置于 4～8℃条件下暗培养一段时间，再转入常温、光照下培养，从小鳞茎中央就可长出小植株。一般来说，这种经低温处理打破休眠而萌发的植株生长比较健壮，移入土壤后可以继续生长。

5. 生根培养

从愈伤组织上分化形成的高 3cm 以上的较大苗，可直接转入生根培养基。给予较强的光照，20d 左右便可在每株苗的基部形成多条根。

6. 驯化移栽

在幼苗移栽前 2～3d 进行炼苗。先打开瓶盖，放到阴凉通风的地方，加强小苗对环境的适应。取出小苗之后，洗去根部附着的培养基，并用多菌灵溶液浸泡后，栽入基质中。初期搭设小拱棚，保持较高的空气湿度。

考核评价 ······

参照表 10-1-1 进行考核评价。

表 10-1-1　评价表

评价项目	评价标准	分值
准备工作	材料与用具准备合理、齐全，人员分工合理、有序	10
培养基配制	各种培养基标注正确、清晰；灭菌温度、时间设置正确，操作规范	20
外植体消毒	外植体选择与处理合理，消毒操作规范、熟练	20
接种	材料大小适宜，符合标准；无菌操作规范、熟练	20
驯化移栽	操作规范，无材料损伤、浪费情况；管理适当	10
文明、安全操作	操作文明、安全，器皿和用具摆放有序，场地整洁	10
团队协作	小组成员分工明确、相互协作、积极思考、认真讨论	10
合　　计		100

任务 *10-2* 半夏组培快繁

📖 **任务目标** ···

了解半夏组培快繁基础知识；掌握半夏组培快繁的方法和步骤。

📑 **任务描述** ···

半夏为天南星科草本植物，以块茎入药，是一种重要的中药材，具有燥湿化痰、降逆止呕、消肿散结等功效。在自然界中，半夏主要通过叶柄下的珠芽进行繁殖，不仅生长缓慢，而且采集困难，难以广泛栽培，因此药源十分紧张，市场供不应求。利用植物组织培养技术可加快半夏优良品系的繁殖速度，实现大规模工厂化生产。本任务以半夏的块茎或珠芽为外植体，通过器官发生型途径获得再生植株。

🔬 **材料与用具** ···

半夏块茎或珠芽；MS培养基母液、蔗糖、琼脂、70%乙醇、0.1%升汞溶液、无菌水；烧杯、量筒、移液管、培养瓶；电磁炉、天平、酸度计、高压蒸汽灭菌锅、超净工作台、酒精灯、接种工具、器械灭菌器；无菌滤纸、记号笔等。

📋 **任务实施** ···

1. 培养基配制

初代培养基：MS+2,4-D 0.3~1.0mg/L+6-BA 0.5~2.0mg/L+蔗糖3%+琼脂0.7%。

继代培养基：MS+6-BA 1.0~1.5mg/L+NAA 0.5~1.0mg/L+蔗糖3%+琼脂0.7%。

生根培养基：1/2MS+NAA 0.3~0.5mg/L+蔗糖3%+琼脂0.7%。

2. 外植体选择与消毒

采集半夏块茎或珠芽，用清水洗净，剥去块茎外皮。在超净工作台中先用70%乙醇浸泡30~60s，然后用无菌水冲洗1次，再用0.1%升汞溶液浸泡6~10min（珠芽浸泡6min，块茎浸泡10min），最后用无菌水冲洗3~5次，并用无菌滤纸吸干表面水分。

3. 初代培养

将消毒后的块茎切成小块，每个块茎可纵切为4~8小块，每个小块上都有芽原基。将切块或珠芽接种到初代培养基上培养。温度保持白天25℃±2℃，晚上18℃±2℃，有利于愈伤组织的形成；光照强度1000~2000lx，光照时间8~10h/d。经过2~3周，即可见愈伤组织形成。形成的愈伤组织如果致密、坚硬，呈绿色或浅绿色，则易形成类似珠芽的组织块，可分化产生芽；如果是疏松的，呈白色透明或半透明状，则不易分化产生芽，应丢弃。

4. 继代培养

将初代培养获得的愈伤组织转移到继代培养基上继续培养，在25~30℃下经过20d左右，就能从愈伤组织上分化形成许多不定芽（每块愈伤组织可形成10个左右不定芽）。

5. 生根培养

将由块茎切块产生的不定芽和由愈伤组织产生的不定芽转移到生根培养基上培养，20d 左右即可见到不定根从小芽基部产生(每个小芽可产生 5~6 条根)。

6. 驯化移栽

当组培苗根长 1.0cm 左右时，即可移至光线比较充足的温室内进行驯化，约 15d 后便可移栽到基质中。从培养瓶中取出带根小苗时应特别注意不要损伤根系。取出的小苗先放到自来水中，用柔软的小刷子轻轻刷掉根部附着的培养基。清洗越彻底越好，尽量不伤根。清洗完成后，将小苗放在比较干净的报纸或草纸上，待根、叶上没有多余的水分后再栽入基质中。基质由腐殖土、蛭石、细沙、珍珠岩混合制成，比例为 5∶3∶1∶1。移栽完成后置于温室或大棚中，注意温度不可太高，相对湿度应尽量保持在 90% 以上，适当遮阴。经 20~30d，新根就可形成，此时即可移栽到种植田中进行正常的田间管理。当年移栽的组培苗可在当年收获块茎，千粒重约 2kg。

考核评价

参照表 10-2-1 进行考核评价。

表 10-2-1 评价表

评价项目	评价标准	分值
准备工作	材料与用具准备合理、齐全，人员分工合理、有序	10
培养基配制	各种培养基标注正确、清晰，灭菌温度、时间设置正确，操作规范	20
外植体消毒	外植体选择与处理合理，消毒流程规范，操作熟练、到位	20
接种	材料大小适宜，符合标准；无菌操作规范、熟练	20
驯化移栽	操作规范，无材料损伤、浪费情况；管理适当	10
文明、安全操作	操作文明、安全，器皿和用具摆放有序，场地整洁	10
团队协作	小组成员分工明确、相互协作、积极思考、认真讨论	10
合　计		100

任务 10-3　枸杞组培快繁

任务目标

了解枸杞组培快繁基础知识；掌握枸杞组培快繁的方法和步骤。

任务描述

枸杞为茄科枸杞属多年生落叶灌木，在我国栽培利用的历史悠久，尤其以宁夏枸杞最负盛名。枸杞果实甘甜，含有蛋白质、维生素和微量元素等营养物质，具有提高人体免疫功能、增强造血机能、降低血糖和血脂、抗肿瘤等作用。枸杞为异花授粉植物，由于长期天然杂交，品种退化严重，如用种子繁殖，其后代往往有严重分离现象，不能保持优良品种的特性。枸杞组培快繁，为加速枸杞育种进程和新育良种的繁育和推广开辟了一条新途径。本任务以枸杞的带芽茎段为外植体，通过丛生芽增殖型途径获得大量枸杞种苗。

材料与用具

枸杞植株；MS培养基母液、蔗糖、琼脂、洗洁精、70%乙醇、0.1%升汞溶液、无菌水；烧杯、量筒、移液管、培养瓶；电磁炉、天平、酸度计、高压蒸汽灭菌锅、超净工作台、酒精灯、接种工具、器械灭菌器；无菌滤纸、记号笔等。

任务实施

1. 培养基配制

初代培养基：MS+6-BA 0.5~1.0mg/L+NAA 0.1mg/L+蔗糖3%+琼脂0.7%。

继代培养基：MS+6-BA 0.5mg/L+IAA 0.1mg/L+蔗糖3%+琼脂0.7%。

生根培养基：1/2MS+IAA 0.1mg/L+蔗糖3%+琼脂0.7%。

2. 外植体选择与消毒

在春、秋两季取生长健壮、较幼嫩的带叶枝条，去掉叶片，用0.02%洗洁精溶液浸泡10min后，用自来水冲洗10min以上。在无菌条件下，先用70%乙醇浸泡30~60s，然后用无菌水冲洗1次，再用0.1%升汞溶液浸泡8~10min，最后用无菌水冲洗4~5次，并用无菌滤纸吸干表面水分。

3. 初代培养

将消毒后的枝条切成长0.5~1.0cm、带有1个腋芽的茎段，接种到初代培养基上进行培养。白天温度25~28℃，晚上温度20~22℃，光照强度1500lx，光照时间10~12h/d，这样有利于腋芽的生长。接种1周左右腋芽开始萌动，2周左右形成绿色丛生芽，随后绿色丛生芽逐渐抽茎长叶。培养1个月左右，株高可达2cm。

4. 继代培养

将初代培养获得的丛生芽切割成芽丛小块，接入继代培养基上培养。经过30~40d，每块可分化出高2~4cm的无根苗，繁殖系数可达6。该培养基既可作壮苗培养用，也可作继代培养用。如果要进行继代培养，可将顶芽切下转接到新的继代培养基上。如果要将组培苗用于大田栽培，则需转到生根培养基上诱导生根。

5. 生根培养

将生长健壮的大苗从基部切去3~5mm，接种于生根培养基中。大约1周后，基部就有白色突起产生，2周后长出1cm左右的根，形成完整植株。

6. 驯化移栽

将根长1cm、具有3~4条根的组培苗置于温室中，放在散射太阳光下培养4~5d，然后在直射光下培养3~5d。取出小苗，洗去根部附着的培养基，待根、叶上没有多余的水分后栽入基质。基质由腐殖土、蛭石、细沙、珍珠岩组成，比例为5：3：1：1。也有的只用蛭石，但一定要用熟蛭石，且颗粒大小要适中，最好浇透营养液。栽后注意温度不可太高，相对湿度保持在 90% 以上，适当遮阴。20~30d 后，新根就可形成，此时可移栽到种植田中，进行正常的田间管理。

📊 **考核评价** ··

参照表 10-3-1 进行考核评价。

表 10-3-1 评价表

评价项目	评价标准	分值
准备工作	材料与用具准备合理、齐全，人员分工合理、有序	10
培养基配制	各种培养基标注正确、清晰；灭菌温度、时间设置正确，操作规范	20
外植体消毒	外植体选择合适，消毒方法正确、操作熟练	20
接种	材料大小适宜，符合标准；接种迅速、方法正确	20
驯化移栽	驯化移栽方法正确，操作规范、熟练；管理适当	10
文明、安全操作	操作文明、安全，器皿和用具摆放有序，场地整洁	10
团队协作	小组成员分工明确、相互协作、积极思考、认真讨论	10
合　　计		100

任务 10-4　丹参组培快繁

📖 **任务目标** ···

了解丹参组培快繁基础知识；掌握丹参组培快繁的方法和步骤。

📄 **任务描述** ···

丹参为唇形科鼠尾草属多年生草本植物，以干燥的根入药，具有活血化瘀、消肿止痛、养血安神等功效，以及增强免疫力、保护肾脏等作用。由于栽培丹参生长周期长、有效成分含量低，而野生丹参资源有限，因此一度出现丹参供不应求的现象。利用植物组织培养技术可以快速、大量繁殖优良的丹参苗，直接应用于大规模工厂化生产。本任务以丹参的带顶芽茎段为外植体，经器官发生型途径获得再生植株。

🔍 **材料与用具** ···

丹参植株；MS 培养基母液、蔗糖、琼脂、70% 乙醇、0.1% 升汞溶液、无菌水；烧杯、量筒、移液管、培养瓶；电磁炉、天平、酸度计、高压蒸汽灭菌锅、超净工作台、酒精灯、接种工具、器械灭菌器；无菌滤纸、记号笔等。

🔧 **任务实施** ···

1. 培养基配制

初代培养基：MS+6-BA 2.0mg/L+NAA 1.0mg/L+蔗糖 3%+琼脂 0.7%。

继代培养基：MS+6-BA 1.0mg/L+蔗糖 3%+琼脂 0.7%。

生根培养基：MS+NAA 0.2mg/L+蔗糖 3%+琼脂 0.7%。

2. 外植体选择与消毒

从生长健壮、无病虫害的丹参植株上刃取长 5cm 的带顶芽茎段，除去叶片后，置于烧杯中用自来水冲洗 30min。在超净工作台中先用 70%乙醇浸泡 10s，然后用无菌水冲洗 1 次，再用 0.1%升汞溶液浸泡 15min，最后用无菌水冲洗 3~5 次，并用无菌滤纸吸干表面水分。

3. 初代培养

在超净工作台中小心剥取茎尖生长点约 1mm，接种到初代培养基上。培养温度 23~26℃，光照强度 2000lx，光照时间 14h/d。培养 20d 左右，茎尖生长点开始萌动，同时在芽的基部四周出现黄白色、较致密的愈伤组织；继续培养 30d 左右，即可分化出丛生芽。

4. 继代培养

将丛生芽切割成芽丛小块转接到继代培养基上进行增殖培养。20~30d 后，可以获得大量丛生芽。一般 30d 可继代一次，增殖率 5~8 倍。

5. 生根培养

将生长健壮的小苗从基部切下接种到生根培养基上诱导生根（基部带有部分愈伤组织的小苗可转接到继代培养基上继续增殖和分化）。培养 10d 左右，小苗陆续长出白根；15d 左右，每株小苗基部可长出 3~7 条长 2~4cm 的白根。

6. 驯化移栽

将生根后的组培苗在普通房间的散射光下驯化 3~4d，打开培养瓶瓶盖，加入适量的清水以软化培养基，小心取出组培苗，轻轻地洗去根部的培养基，栽入经过消毒的营养土或基质中。温度控制在 25℃左右，每隔 3~4d 用清水喷洒一次，以保证较高的成活率，并使成活的小苗生长旺盛、整齐一致。

考核评价

参照表 10-4-1 进行考核评价。

表 10-4-1　评价表

评价项目	评价标准	分值
准备工作	材料与用具准备合理、齐全，人员分工合理、有序	10
培养基配制	各种培养基标注正确、清晰；灭菌温度、时间设置正确，操作规范	20
外植体消毒	外植体选择合适，消毒方法正确、操作熟练	20
接种	材料大小适宜，符合标准；接种迅速、方法正确	20
驯化移栽	驯化移栽方法正确、操作规范、熟练；管理适当	10
文明、安全操作	操作文明、安全，器皿和用具摆放有序，场地整洁	10
团队协作	小组成员分工明确、相互协作、积极思考、认真讨论	10
合　计		100

任务 *10-5* 铁皮石斛组培快繁

📖 任务目标

了解铁皮石斛组培快繁基础知识；掌握铁皮石斛组培快繁的方法和步骤。

📑 任务描述

铁皮石斛俗称铁皮枫斗、黑节草，为兰科石斛属多年生附生型草本植物，主要以茎部入药，是常用的名贵中药。铁皮石斛生长周期长，自然繁殖率低，野生资源非常有限。由于人们对野生铁皮石斛长期、过度采集，铁皮石斛自然资源日益枯竭。为了保护这一珍稀中药资源，需要大力发展规模化人工栽培，切实保障铁皮石斛资源的可持续利用。但是，铁皮石斛种子极小，在自然状态下萌发率极低，采用分株、扦插等方法繁殖率也较低，并且长期无性繁殖容易造成病毒积累，导致品种退化。利用植物组织培养技术快繁种苗，是解决铁皮石斛野生资源紧缺问题和保护铁皮石斛种质资源的有效途径。本任务以铁皮石斛种子为外植体，通过原球茎发生型途径获得再生植株。

📇 材料与用具

铁皮石斛植株；MS培养基母液、蔗糖、琼脂、马铃薯汁、香蕉泥、活性炭、75%乙醇、0.1%升汞溶液、无菌水；烧杯、量筒、移液管、培养瓶；电磁炉、天平、酸度计、高压蒸汽灭菌锅、超净工作台、接种工具、器械灭菌器；无菌滤纸、记号笔等。

🪧 任务实施

1. 培养基配制

种子萌发培养基：MS+6-BA 0.2~0.5mg/L+NAA 0.05~0.5mg/L+琼脂0.7%。

增殖培养基：MS+6-BA 0.5~1.0mg/L+NAA 0.1~0.5mg/L+马铃薯汁10%+蔗糖3%+琼脂0.7%。

分化培养基：MS+NAA 0.1~0.5mg/L+马铃薯汁10%+蔗糖3%+琼脂0.7%。

生根培养基：MS+NAA 0.2~0.5mg/L+香蕉泥10%+活性炭0.1g/L+蔗糖1.5%+琼脂0.7%。

2. 果实采集与消毒

（1）果实采集

在10~11月（铁皮石斛蒴果成熟期），选取生长良好、外表呈褐色、发育成熟但未开裂的铁皮石斛果实，从果柄处剪下，用湿润的纸巾包好，放入密封容器中。

（2）果实消毒

用蘸有75%乙醇的棉球仔细擦拭果实表面，尤其是表面沟纹处，然后用无菌水冲洗3次，再用0.1%升汞溶液浸泡3min，最后用无菌水冲洗3次，并用无菌滤纸吸干表面水分。

3. 原球茎诱导

在无菌滤纸上将消毒后的果实切开一个小口，轻轻抖动，将黄色粉末状种子均匀撒播于种子萌发培养基上。播种后，先暗培养 3d，再转入光下培养。培养温度 25～28℃，光照强度 1500～2000lx，光照时间 8h/d。1 周后种子变得鲜绿；15d 后胚几乎充满整个种子，呈球形；30～40d 后种子部分发育成原球茎，此时原球茎体积大、色绿、饱满，适宜用于增殖。

4. 原球茎增殖

将原球茎均匀、密集地转入增殖培养基中。培养温度 23～25℃，光照强度 1500～2000lx，光照时间 12h/d。培养 1 个月左右形成新的原球茎。如此反复培养，在短时间内就会获得大量的原球茎。增殖周期一般为 40～50d，增殖率 8～10 倍。

5. 原球茎分化

将原球茎转接到分化培养基上，大约 20d 后原球茎开始分化出绿色芽点，随后逐渐长成带少许细根的芽苗。培养 40d 后，芽苗高 2～3.5cm，叶色浓绿，生长健壮，不需要经过壮苗便可以直接用于生根。

6. 生根培养

将具有 2～3 片叶的健壮无根苗接种到生根培养基上诱导生根。培养 40～60d 便可长出多条肉质、绿色的气生根，形成完整植株。

7. 驯化移栽

当幼苗展开 4～5 片叶，并具有 3～4 条长 2～3cm 的根时，即可打开培养瓶瓶盖，在温室内驯化 5～7d，然后将其移栽到基质中。覆上遮阳网，保持相对湿度 90% 以上，基质以湿润但不积水为宜。移植后置于通风阴凉处，1 周内不浇水，以防湿度大而烂根。20～30d 后，视幼苗的长势和复壮情况，适时移栽到苗圃或大田中。

考核评价

参照表 10-5-1 进行考核评价。

表 10-5-1　评价表

评价项目	评价标准	分值
准备工作	材料与用具准备合理、齐全，人员分工合理、有序	10
培养基配制	各种培养基标注正确、清晰；灭菌温度、时间设置正确，操作规范	20
外植体消毒	外植体选择与处理合适，消毒方法正确、操作熟练	20
接种	材料大小适宜，接种迅速、方法正确	20
驯化移栽	驯化移栽方法正确，操作规范、熟练，管理适当	10
文明、安全操作	操作文明、安全，器皿和用具摆放有序，场地整洁	10
团队协作	小组成员分工明确、相互协作、积极思考、认真讨论	10
合　　计		100

任务 *10-6* 罗汉果组培快繁

📖 **任务目标** ···

了解罗汉果组培快繁基础知识；掌握罗汉果组培快繁的方法和步骤。

📑 **任务描述** ···

罗汉果是我国特有的葫芦科多年生草质藤本植物，以果实入药，主要成分含罗汉果甜苷，另含果糖、氨基酸、黄酮等，具有止咳祛痰、润肠通便等功效。罗汉果常规采用块茎和茎蔓等进行无性繁殖，繁殖系数低，且长期采用无性繁殖导致病毒积累，种质退化，产量和品质下降，严重制约了罗汉果产业的发展。利用植物组织培养技术进行种苗繁殖，是罗汉果良种快繁和控制罗汉果病毒病蔓延的有效途径。本任务以罗汉果的种子和叶片为外植体，通过器官发生型途径获得再生植株。

📇 **材料与用具** ···

罗汉果植株；MS 培养基母液、蔗糖、琼脂、70%乙醇、0.1%升汞溶液、无菌水；烧杯、量筒、移液管、培养瓶；电磁炉、天平、酸度计、高压蒸汽灭菌锅、超净工作台、酒精灯、接种工具、器械灭菌器；无菌纸、记号笔等。

🗂 **任务实施** ···

1. 培养基配制

初代培养基：MS+6-BA 1.0mg/L+IBA 0.5mg/L+蔗糖 3%+琼脂 0.7%。

初代培养基：MS+6-BA 2.0mg/L+IBA 0.5mg/L+蔗糖 3%+琼脂 0.7%。

生根培养基：1/2MS+NAA 0.3mg/L+蔗糖 1.5%+琼脂 0.7%。

2. 外植体选择与消毒

选取性状优良的罗汉果植株的果实，剥开果皮，取出种子，用自来水冲洗干净。在超净工作台中，先用 70%乙醇消毒 30s，然后用无菌水冲洗 1 次，再用 0.1%升汞溶液浸泡 5min，最后用无菌水冲洗 4~5 次，并用无菌滤纸吸干表面水分备用。

用叶片作为外植体时，消毒方法同上。用解剖刀在叶片背面横划 3 刀，但不完全切断叶片，即不切断叶片上表皮。将叶片平放于培养基上，使背面与培养基接触。摆放密度要适中，每两片叶子间隔以 1cm 左右为宜。

3. 初代培养

将种子置于初代培养基上培养，15d 后可获得长有 5~6 片真叶的无菌苗。若外植体是叶片，培养约 7d 后叶片体积明显膨大，呈凹凸不平状；20d 左右可在叶片切口处分化出许多圆形小突起，形成愈伤组织。

4. 继代培养

把无菌苗切割成小段或把愈伤组织转接到继代培养基上，10~15d 后可分化出丛生芽。

5. 生根培养

选取高5~7cm的壮苗，用解剖刀从基部切去3~5mm，转入生根培养基上诱导生根。10d左右，小苗可长出比较发达的根系。

6. 驯化移栽

待根长2~3cm时，将组培苗置于温度稍低于培养室温度、有散射光的地方，将瓶盖打开，约5d后即可进行移栽。将生根苗从培养瓶中取出，洗去根部附着的培养基，然后移栽到用珍珠岩、蛭石、熟土按2∶1∶1配制的基质中。移栽后保持温度25℃左右，7d内保持相对湿度95%以上，光线不要太强，采用遮光率为50%的遮阳网遮阴。移栽后30d，成活率达90%。

考核评价

参照表10-6-1进行考核评价。

表10-6-1　评价表

评价项目	评价标准	分值
准备工作	材料与用具准备合理、齐全，人员分工合理、有序	10
培养基配制	各种培养基标注正确、清晰；灭菌温度、时间设置正确，操作规范	20
外植体消毒	外植体选择与处理合适，消毒方法正确、操作熟练	20
接种	材料大小适宜，符合标准；接种迅速、方法正确	20
驯化移栽	驯化移栽方法正确，操作规范、熟练，管理适当	10
文明、安全操作	操作文明、安全，器皿和用具摆放有序，场地整洁	10
团队协作	小组成员分工明确、相互协作、积极思考、认真讨论	10
合　计		100

复习思考题

1. 贝母组培快繁有哪些技术要点？
2. 简述半夏组培快繁的意义及操作流程。
3. 如何对枸杞组培苗进行驯化移栽？
4. 简要说明丹参组培快繁操作流程。
5. 简要说明铁皮石斛组培快繁操作流程。

参考文献

曹春英, 2006. 植物组织培养[M]. 北京：中国农业出版社.

曹孜义, 刘国民, 2002. 实用植物组织培养教程[M]. 兰州：甘肃科学技术出版社.

陈美霞, 2012. 植物组织培养[M]. 武汉：华中科技大学出版社.

陈世昌, 2015. 植物组织培养[M]. 北京：高等教育出版社.

程家胜, 2003. 植物组织培养与工厂化育苗技术[M]. 北京：金盾出版社.

崔德才, 徐培文, 2003. 植物组织培养与工厂化育苗[M]. 北京：化学工业出版社.

丁雪珍, 2019. 植物组织培养[M]. 北京：中国林业出版社.

巩振辉, 申书兴, 2013. 植物组织培养[M]. 北京：化学工业出版社.

胡繁荣, 2009. 植物组织培养[M]. 北京：中国农业出版社.

胡琳, 2000. 植物脱毒技术[M]. 北京：中国农业大学出版社.

李军, 2018. 植物组培快繁技术[M]. 北京：中国林业出版社.

李永文, 刘新波, 2007. 植物组培快繁[M]. 北京：北京大学出版社.

刘庆昌, 吴国良, 2010. 植物细胞组织培养[M]. 北京：中国农业大学出版社.

罗天宽, 王晓玲, 2016. 植物组织培养[M]. 北京：中国农业大学出版社.

梅家训, 丁习武, 2003. 组培快繁技术及其应用[M]. 北京：中国农业出版社.

彭星元, 2006. 植物组织培养技术[M]. 北京：高等教育出版社.

谭文澄, 戴策刚, 2000. 观赏植物组织培养技术[M]. 北京：中国林业出版社.

王蒂, 2003. 细胞工程学[M]. 北京：中国农业出版社.

王蒂, 2004. 植物组织培养[M]. 北京：中国农业出版社.

王国平, 刘福昌, 2002. 果树无病毒苗木繁育与栽培[M]. 北京：金盾出版社.

王清连, 2002. 植物组织培养[M]. 北京：中国农业出版社.

王振龙, 2017. 植物组织培养教程[M]. 北京：中国农业大学出版社.

吴殿星, 胡繁荣, 2004. 植物组织培养[M]. 上海：上海交通大学出版社.

熊丽, 吴丽芳, 2002. 观赏花卉的组织培养与大规模生产[M]. 北京：化学工业出版社.

许继红, 马玉芳, 2003. 药用植物组织培养技术[M]. 北京：中国农业科学出版社.

张爽, 梁本国, 2013. 植物组织培养[M]. 武汉：华中科技大学出版社.